跟曹雪芹学

杨雪　张茵子　编著

江苏凤凰科学技术出版社

中国经历了约有五千年的文明传承，积淀了浩如星辰的璀璨艺术。其中《红楼梦》是中国古典文学艺术中的一块瑰宝，小说涉及的内容大到宏观社会，小至微观个体，对生活、政治、艺术、礼仪、服饰等都有很生动贴切的描写。

艺术来源于生活，这些珍贵的文字为后人还原了当时的社会形态。文章的开篇，描述女娲补天剩一顽石，央求一僧一道带它到昌明隆盛之邦、诗礼簪缨之族、花柳繁华地、温柔富贵乡，随着神瑛侍者幻化进人间，就此展开了这颗“顽石”纷纷攘攘的红尘历练。真假参半，虚虚实实，我们无法一一去辩证考究，抛开浮于表面的人情世故，曹雪芹通过对居所环境、器物、色彩、植物等这些真实物件的描写，构造出一幅实实在在的舞台背景，立足点如此真实，和人物个性的结合如此牢靠，让人恍然，却更添再探究竟的兴致。

抛去故事的外衣，当代生活环境与古人生活环境已不可同日而语，人们对于生活的品质有了更多元化的要求，“软装”由一个新鲜词汇变得越来越受到大众的关注。在这个概念产生初期，人们对软装的认识相对表象，仅仅停留在装饰的部分，而经过近几年行业的飞速发展、文化的复苏，很多人慢慢地认识到软装并不是无关紧要的堆砌和修饰，应是生活方式的一种体现，是集聚文化、艺术、人性等多种元素融合的一门学科。

古人留下的宝贵财富值得我们去挖掘、继承、升华，软装设计和中国的传统文化艺术进行一种跨越界线的融合，本就值得期待，一来欣赏历史上那些令人赞叹的工艺之美，二来古为今用，能够拾其一二也不枉入梦走一遭，就让我们跟随曹雪芹细腻的文笔一起走进古人的生活，感受别样的滚滚红尘。

杨雪　张菡子

目录

第一章

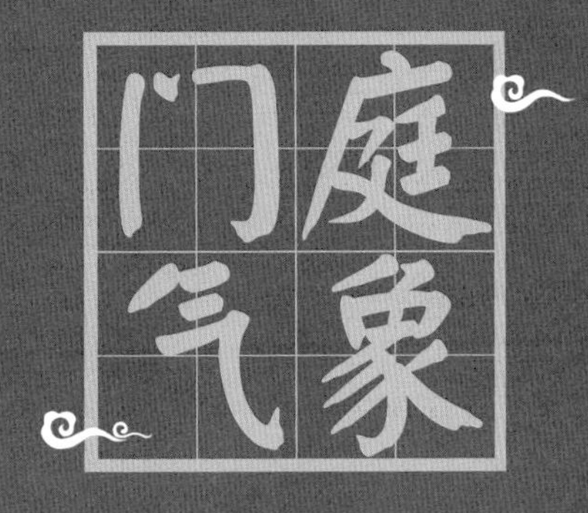

*
*
*

楹联匾额

* * *

进入堂屋中，抬头迎面先看见一个赤金九龙青帝大匾，匾上写着斗大的三个大字，是“荣禧堂”，后有一行小字：“某年某日，书赐荣国公贾源”，又有“万几宸翰之宝”。又有一副对联，乃乌木联牌，镶着錾银的字迹，道是：“座上珠玑昭日月，堂前黼黻焕烟霞。下面一行小字，道是“同乡世教弟勋袭东安郡王穆莳拜手书”。（第三回）

“堂之制，宜宏敞精丽，前后须层轩广庭，廊庑俱可容一席”——摘自《长物志》。

在古代建筑中，“堂”通常在院落的中心位置，常作会客、接待、议事之用，强调传统礼仪、礼制的意义，室内的规制精致宽敞，庄严气阔。荣禧堂是荣国府的正堂，五间大正房气势庄重，“两边厢房鹿顶耳房钻山，四通八达，轩昂壮丽”，它既是荣国公贾政的起居空间，也是集正式的礼仪往来、日常三餐、祭祀教谕等多种用途于一身的空间，因此不仅要满足庄严华贵的氛围，同时要体现道德伦理的规范。

匾额是中国古代建筑中的一个重要组成部分。古时，书香门第之家崇尚修身养性，商贾之家追求光大家业，皇家宗室尊享着万国朝邦、威仪天下，匾额的内容体现了这种文化精华。“匾”古也写作“扁”，《说文解字》对“扁”作了如下解释：“扁，署也，从户册。户册者，署门户之文也。”用以表达经义、感情之类的属于匾，而表达建筑物名称和性质之类的则属于额，“匾额”是一种能反映建筑物名称和性质，同时表达人们的情感的文学艺术形式。通常会请一些名人或者有身份的人题字装点门面，讲究精湛的书法技艺、卓越的辞赋文采，集文化、篆刻、艺术之大成，一般挂于门屏上方、屋檐之下或厅堂正中。荣禧堂是荣国府的正内室，房间正中挂着的是皇帝亲题的赤金九龙大匾，凸显出主人的无上荣耀和尊贵。

故宫乾清宫内“正大光明”匾

故宫乾清宫

故宫保和殿。匾额内容出自箕子《洪范》“皇建其有极”。极，中庸之意，君王立政事、定规矩要取中庸之意，不偏不倚

故宫养心殿

孔庙大成殿“万世师表”匾

楹联更强调文学意境，在特定的情境下，依据不同人的经历与学识，抒发各自的情感而创作，其超越了字词的对仗押韵，将文学内涵、辩思哲理放在首要位置。因此未入其室，先从楹联内容便可一窥居室主人的气质情操。

引文中的楹联上句“座上珠玑昭日月”是讲座中人所佩带装饰的珠玉，光彩可与日月争辉，一来说荣府豪华，二来兼赞贾家的文化底蕴；下句“堂前黼黻焕烟霞”是讲堂上人所穿着的官服，色泽犹如云霞般绚烂，同样称赞荣府显贵，“黼黻”是指古代高官礼服上所绣的花纹，贾府与皇家官府联系紧密，其社会地位显赫荣耀，非一般大家可比。

元妃乃命传笔砚伺候，亲搦湘管，择其几处最喜者赐名。按其书云：

“顾恩思义”（匾额）天地启宏慈，赤子苍头同感戴；古今垂旷典，九州万国被恩荣。（此一匾一联书于正殿）“大观园”园之名“有凤来仪”赐名曰“潇湘馆”“红香绿玉”改作“怡红快绿”即名曰“怡红院”“蘅芷清芬”赐名曰“蘅芜苑”“杏帘在望”赐名曰“浣葛山庄”。

正楼曰“大观楼”。东面飞楼曰“缀锦阁”，西面斜楼曰“含芳阁”更有“蓼风轩”“藕香榭”“紫菱洲”“荇叶渚”等名，又有四字的匾额十数个，诸如“梨花春雨”“桐剪秋风”“荻芦夜雪”等名，此时悉难全记。又命旧有匾联俱不必摘去。于是先题一绝云：

衔山抱水建来精，多少工夫筑始成！天上人间诸景备，芳园应锡大观名。（第十八回）

元妃省亲，敲定了大观园中主要屋舍、园景的匾额提名，间接地描绘出了大观园的诸景皆备，也隐隐地预示了将进入大观园中生活的主要人物的个性和命运。从前期的贾政携众人游园到元妃省亲，作者花费了大篇幅来描述和确定匾联的内容，其实是在铺垫好故事的基调，可见匾联是对于居所环境、居住者品位和个性的高度概括。

“宝鼎茶闲烟尚绿，幽窗棋罢指犹凉”是宝玉给潇湘馆所提的楹联，意思是宝鼎已不煮茶了，但屋里还飘绕着绿色的水雾，幽静的窗下，棋已停罢，手指还存有凉意。不言一竹，但从视觉、嗅觉、触觉上处处感受到竹的清爽幽密，与潇湘馆主人清冷出世的气质如此相通。虽是宝玉先题词，黛玉后入住潇湘馆，但这种冥冥之中的心有灵犀，更加深了院落环境和所居之人的牵绊。

贾芸看时，只见院内略略有几点山石，种着芭蕉，那边有两只仙鹤在松树下剔翎。一溜回廊上吊着各色笼子，各色仙禽异鸟。上面小小五间抱厦，一色雕镂新鲜花样隔扇，上面悬着一个匾额，四个大字，题道是"怡红快绿"。贾芸想道："怪道叫'怡红院'，原来匾上是恁样四个字。"（第二十六回）

宝玉所居住的怡红院，也是特征鲜明的处所，门外绿柳环绕，院内芭蕉海棠，因独偏爱这蕉棠景致，所提匾额曰"红香绿玉"，这个富贵闲人的胭脂气充满着居所角落，连着匾额也没落下。之后元春改为"怡红快绿"，少了些许粉脂香艳，但仍然和宝玉那种爱花护花、明媚热情的性子处处切合。

书中在描写虚幻之境时也有对匾额和楹联的描写，并且出现了两回：

士隐接了看时，原来是块鲜明美玉，上面字迹分明，镌着"通灵宝玉"四字，后面还有几行小字。正欲细看时，那僧便说已到幻境，便强从手中夺了去，与道人竟过一大石牌坊，上书四个大字，乃是"太虚幻境"。两边又有一副对联，道是：假作真时真亦假，无为有处有还无。（第一回）

今忽与你相逢，亦非偶然。此离吾境不远，别无他物，仅有自采仙茗一盏，亲酿美酒一瓮，素练魔舞歌姬数人，新填《红楼梦》仙曲十二支，试随吾一游否？宝玉听了喜跃非常，便忘了秦氏在何处，竟随了仙姑，至一所在。有石牌横建，上书“太虚幻境”四个大字，两边一副对联，乃是：

假作真时真亦假，无为有处有还无。（第五回）

竟然提到了两次这个幻境中的匾额与楹联，作者反复念及，不难看出这副匾额和楹联可以说是这本书的写照，如果把《红楼梦》比作是一间屋子，那么这个“太虚幻境”和“真假有无”就是作者对这间屋子风格的定性。对联阐释了“假”“真”“有”“无”的哲理，是对这本书中故事的解读和提炼，也是给读者的一种哲学性的启迪，去认识、思考复杂的人生。而作者抒发的这种感情，又何尝不是自我经历的感慨和总结。

古人有深宅大院，匾额和楹联必不可少，一来是对所居者个人气质的阐释，二来作为门面也是展示自我的重要途径。现在家家户户还有新年贴对联的习俗，对联内容以吉庆的话为主，以祈盼新一年的美好生活。虽然已经很少有人像古人一般有感而发吟诗作赋，将自我的感悟化为楹联，也很

清代孙温绘《贾宝玉神游太虚境》

少题写匾额，但这并不影响我们对居室氛围的营造。在现代居家生活中，门外可以通过对联、斗方来装饰，仍有不少人家自己研墨、裁红纸、熬糨糊、出对子、写对联，一幅小小的对联，也能看出居住者的生活态度。而屋内则可以通过装饰画或者装饰性墙面来表达居住者的审美情操，它们都同古时的楹联匾额所达到的作用有异曲同工之妙。

影壁

* * *

影壁是大门内外或屏门外当作屏障的墙壁，位置在院门内起遮蔽作用的称“隐”——寓意把院子隐藏起来；坐落在院门外的称“避”——目的是阻挡邪气进入，后来这两个字演化合称为“影壁”。大户人家的影壁主要以石、木、砖及瓦材料为主。砖瓦结构或土坯结构的影壁，壁身多为素面上色，有的雕刻镶嵌砖材图案或文字，顶部做成屋脊状。古时人们为了抵御邪恶的、不干净的东西进入宅院中，在院门或屋门设置影壁或屏风，其实影壁主要还是发挥了很多功能上的作用，比如保持一定的私密性。在装饰内容方面，多用各种兽纹和植物花卉，取材很广泛，所用题材往往和建筑的使用者或是用途有关。色彩丰富格局宏大的壁雕装饰还可以给宅院增添华贵威严的气势。

影壁的构造、选材、颜色等依据不同的建筑场所，逐渐形成较固定的、较高辨识度的模板样式

九龙壁局部

在《红楼梦》中，对于影壁的描写并不多，常常是一笔带过：

忽见一个丫鬟来说："老太太那里传晚饭了。"王夫人忙携了黛玉出后房门，由后廊往西。出了角门，是一条南北宽夹道，南边是倒座三间小小抱厦厅，北边立着一个粉油大影壁，后有一个半大门，小小一所房屋。王夫人笑指向黛玉道："这是你凤姐姐的屋子，回来你好往这里找她来，少什么东西，你只管和她说就是了。"（第三回）

先到了倒厅，周瑞家的将刘姥姥安插在那里略等一等。自己先过了影壁，进了院门，知凤姐未下来，先找着了凤姐的一个心腹通房大丫头名唤平儿的……周瑞家的听了，忙出去引他两个进入院来。上了正房台矶，小丫头打起猩红毡帘。才入堂屋，只闻一阵香扑了脸来，竟不辨是何气味，身子如在云端里一般。（第六回）

粉油，是指用一种白色涂料涂刷；倒厅，与正房的朝向相反，主要是用作账房、门房、客房以及仆人休息的地方。引文这两处描述的都是凤姐院门前的影壁，这种位于迎门处的影壁，正对宅门，单独立于对面屋宇、宅院墙壁之外，可以遮挡对面房屋和不整齐的屋角檐头，使经过大门外出的人有整齐美观的视觉感受。虽说这个影壁干净素雅无甚装饰，

皇城撇山影壁

但院门外的影壁可不是普通寻常人家能有的，常常是王府大门或者等级高的院落大门外才有。“三号门外，在老槐树下面有一座影壁，粉壁得黑是黑，白是白，中间油好了二尺见方的大红福字。祁家门外，就没有影壁，全胡同里的人家都没有影壁。”从老舍先生《四世同堂》中的描述也不难看出，院门外的影壁，显然不是普通人家能有的。

门内的影壁常见的有独立式影壁，从宽敞的内院地面往上砌砖，壁心有浮雕或字画装饰，周围没有任何倚靠；另一种借山墙式，顾名思义是指把厢房的山墙当作影壁，这种影壁下面一般没有须弥座，但顶部大都有出檐。

在古时的商户人家，或达官贵人之家，影壁的装饰性作用和装饰寓意往往会占有很大比例。其中常家庄园始建于乾嘉年间，现存有大量雕刻精美图案的影壁、花墙等，装饰内容丰富多彩，有山水景观、人物花鸟、吉祥纹饰、寓言典故，等等。其中百狮园的四狮照壁堪称镇园之宝，巧妙地融合古代文人情操和民俗文化于一体，也是明清民居建筑中的精品之一。

其主图案为一只雌狮带了三只小狮，四狮同图，其寓意一是祈愿主人仕途通达，官至太师或少师；二是取其谐音，寓“事事如意、四时通顺”的吉兆之意；三是祈愿家族四世

四狮照壁

同堂、子嗣昌盛。古人视狮为驱邪镇凶之瑞兽，高浮雕的装饰手法突出狮头的硕大和栩栩如生，怒目圆睁的神态也具有强烈的镇园护宅之意。照壁图案从上至下依次为：琴棋书画、梅兰竹菊松、福禄寿，和寿山石、太湖石、牡丹、云龙、月亮等图案衬托着的四狮。左右有造型细腻精美的博古龛（大多已剥蚀损毁）和篆字楹联，下方是如意双龙图案和“卍”字形装饰。

与影壁一样，有着遮挡隔断作用的还有屏门。屏门非常灵活，多用在院与院、屋与院之间，垂花门内侧也设有屏门。另外居室内部的隔扇、屏风、桌屏、布帘等都有遮隔的作用，也可以用博古架、书架、柜子来进行空间的分隔。

清代孙温绘《宝玉领秦钟拜贾母》中的室内屏门隔断

花卉绿植

* * *

现代居室内摆放植物，大部分是为了提升空间品味或者单纯为了改善一些室内空气质量。而文学作品中的植物，除了装饰居室环境，使室内空间层次丰富之外，更多的是寄托了文学人物的感情和个性特征，按其形、色、香而进行“拟人化”，赋予不同的性格和品德，甚至是预示了文学人物的命运。

一面说，一面走，倏尔青山斜阻。转过山怀中，隐隐露出一带黄泥筑就矮墙，墙头皆中稻茎掩护。有几百株杏花，如喷火蒸霞一般。里面数楹茅屋。外面却是桑、榆、槿、柘，各色树稚新条，随其曲折，编就两溜青篱……宝玉却等不得了，也不等贾政的命，便说道：“旧诗有云：‘红杏梢头挂酒旗’。如今莫若‘杏帘在望’四字。”（第十七回）

杏花单生，先于叶开放，花瓣白色或稍带红晕，花萼为红色，其果肉、果仁均可食用。杏可配植于庭前、墙隅、道路旁、水边，也可群植、片植于山坡、水畔。稻香村是李纨搬入大观园后的所居之地，曹雪芹用“喷火蒸霞”来比喻稻香村的红杏，与“稻茎”“茅屋”“青篱”这些枯黄素色之物形成鲜明对比，也将李纨进入大观园前后不同的精神状态描写了出来。早年丧偶的李纨清心寡欲，进入大观园后，宛如进入了一个自由自在的理想王国，摆脱了封建礼法的束缚，办诗社，写诗评诗，处处流露出对美好幸福生活的期待和向往。曹雪芹通过诗社，写出李纨的才和情，更是写出其性格光彩的一面，也衬出她心中愁苦深重的另一面。

因而步入门时……只见许多异草：或有牵藤的，或有引蔓的，或垂山巅，或穿石隙，甚至垂檐绕柱，萦砌盘阶，或如翠带飘飖，或如金绳盘屈，或实若丹砂，或花如金桂，味

杏花

芬气馥，非花香之可比……有的说："是薜荔藤萝。"贾政道："薜荔藤萝不得如此异香。"宝玉道："果然不是。这些之中也有藤萝薜荔；那香的是杜若蘅芜，那一种大约是茝兰，这一种大约是清葛，那一种是金簦草，这一种是玉蕗藤，红的自然是紫芸，绿的定是青芷。想来《离骚》《文选》等书上所有的那些异草，也有叫作什么藿纳姜荨的，也有叫作什么纶组紫绛的，还有石帆、水松、扶留等样，又有叫什么绿荑的，还有什么丹椒、蘼芜、风连。如今年深岁改，人不能识，故皆象形夺名，渐渐的唤差了也是有的。"（第十七回）

蘅芜苑中多的是山石、奇草、仙藤，无一花却也有阵阵异香。藤萝即紫藤，其花冠为蝶形，花常见为蓝紫色，总状花序下垂，花含芳香油；薜荔是一类常绿攀缘或匍匐灌木，"垂檐绕柱，萦砌盘阶"指的就是此物，幼时以气根附生于树木或墙垣、岩石上。

藤萝

藤萝

薜荔

杜若，又名杜衡，疑似与竹叶莲、高良姜是同一种植物，为多年生直立或上升草本，有细长的横走根茎；蘅芜是两种香草植物“杜衡”和“芜菁”的简称，泛指生长在地上的匍匐状且具有香气的草本植物。古人相信蘼芜可使妇人多子，然而在古诗词中蘼芜一词却多与夫妻

杜若，李时珍《本草纲目》，手工雕版彩色印刷

杜若

分离或闺怨有关。白芷，简称“芷”，白芷和当归属于同一属的不同种，夏天开白色小花，果实椭圆形。范仲淹《岳阳楼记》曾提及“岸芷汀兰，郁郁青青。”白芷适应性很强且耐寒，喜温和湿润、光照充足的环境。芷若，即白芷与杜若，同样皆为香草名。茝兰是白芷和兰草的合称。

白芷

白芷

丹椒中的“丹”是指红色、赤色，《诗·秦风·终南》中有“颜如渥丹”的形容。丹椒，即花椒，果实红色，可作调味料也可作香料，并可提取芳香油入药。唐代杜牧《阿房宫赋》中的“焚椒兰也”是指焚烧椒和兰来进行熏香。

搬进大观园，曹雪芹将薛宝钗的住处定于蘅芜苑，巨石、异草、奇香等一齐勾勒出宝钗的人物特性。作者在描绘此处清雅之所时，使用了“未扬先抑”（脂砚斋批语）之法。借贾政之口讲蘅芜苑“无味的很”，再突作反笔，使蘅芜苑内异草奇香、清厦旷朗的景象依次出现于贾政的眼前，使其惊呼出“有趣”，再叹服于“此造已出意外，诸公必有佳作新题以颜其额，方不负此”。

野花椒

巨石给人以稳重之感，这块巨石遮盖一切，掩盖了感情、思想，因而宝钗除了端庄大方，给人的另一感觉就是冷，对一切的冷漠和回避；诸多异草、奇香则点明宝钗的清淳、雅致以及丰富的内涵，其人不与群芳争艳，淡然清雅、别具一格；屋中无任何装饰，其中绿植也仅仅是土定瓶中的几支菊花而已，更加突出宝钗“淡极始知花更艳”的修为，不同于大观园中其他人的“见落花伤心，怨流水无情”。另外，藤萝、薜荔这类蔓生攀缘植物，必须附物生长，由于这种特性，古代文人常常将它们比作依赖男性而攀升的女子，作者也以此来象征薛宝钗的性格和行为，意图通过婚姻劝导夫君“攀蟾折桂”以实现自己的欲望。

周瑞家的因问道：“不知是个什么海上方儿？姑娘说了，我们也记着，说与人知道，倘遇见这样的病，也是行好的事。”宝钗见问，乃笑道：“不用这方儿还好，若用起这方儿，真真把人琐碎死了。东西药料一概都有，现易得的，只难得‘可巧’二字。要春天开的白牡丹花蕊十二两，夏天开的白荷花蕊十二两，秋天的白芙蓉花蕊十二两，冬天开的白梅花蕊十二两。将这四样花蕊，于次年春分这日晒干，和在末药一处，一齐研好。又要雨水这日的雨水十二钱……白露这日的露水十二钱，霜降这日的霜十二钱，小雪这日的雪十二钱。把这四样水调匀，和了药，再加蜂蜜十二钱，白糖十二钱，丸了龙眼大的丸子，盛在旧磁罐内，埋在花根底下。若发了病时，拿出来吃一丸，用十二分黄柏煎汤送下。”（第七回）

说到这乌有之药冷香丸，作者的目的还是为了刻画薛宝钗的性格和预示其命运。众花之药所治的仅是宝钗的“热毒”，而这所谓的“热毒”更像是人天性中的七情六欲，服用冷香丸是为了克制自己真性情的流露，保持理智，谨言慎行，王熙凤曾形容其是“不关己事不开口，一问摇头三不知”。这个“冷”字除了刻画出宝钗的性格以外，也是宝钗的最终命运，《终身误》中道：“空对着山中高士晶莹雪，终不忘世外仙姝寂寞林”，宝玉出家，宝钗守寡，宝钗的后半生必定要在凄冷中度过。不得不叹服曹公笔下人物形象的立体饱满，将一物的两面性刻画得淋漓尽致，充满矛盾而又和谐统一。

说着，一径引人绕着碧桃花，穿过一层竹篱花障编就的月洞门，俄见粉墙环护，绿柳周垂。贾政与众人进去，一入门，两边俱是游廊相接。院中点衬几块山石，一边种着数本芭蕉，那一边乃是一棵西府海棠，其势若伞，丝垂翠缕，葩吐丹砂……（第十七回）

贾政一行人第一次到怡红院，还未入院，先看到碧桃花。

碧桃是蔷薇科桃属植物，属于观赏桃花类的极品，又名千叶桃花，清代孙枝蔚《别眄柯园》云："银杏百年树，碧桃千朵花。"花瓣重瓣，花色丰富，常见颜色有白、粉红、大红，还有白红双色，花大色艳、花繁色美，营造出一种春深似海的意境，怡红院的繁华富贵气象也初见端倪。

过碧桃花有一层竹篱花障编就的月洞门，走进月洞门方是院子的后墙，墙外绿柳周垂。花障便是有花草攀附的篱笆，寥寥数笔把院外的植物层次勾勒出来，碧桃与绿柳之间

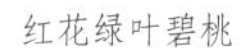

红花绿叶碧桃

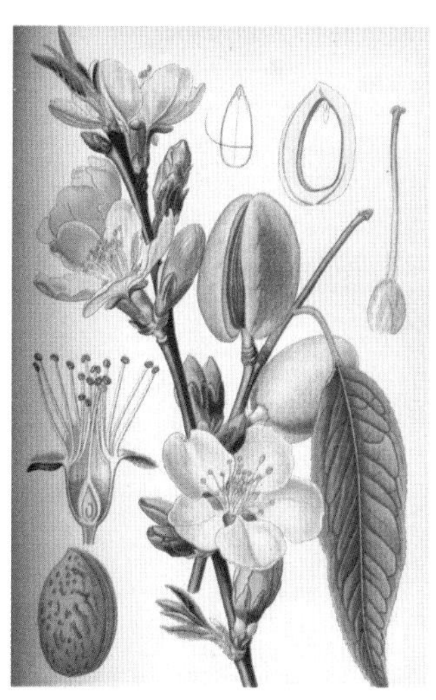

碧桃

点缀着竹篱花草，好一处富贵闲人之所。进入院子中间点衬几块山石，之后就是怡红院的标志性植物：西府海棠和芭蕉，左右对称种植，正如宝玉诗中说的“两两出婵娟”，院外院内皆是一红一绿，因而此院落得名“怡红快绿”。

芭蕉

海棠院里寻春色，日炙荐红满院香

明代《群芳谱》载："海棠有四品，皆木本。贴梗海棠，丛生，花如胭脂；垂丝海棠，树生，柔枝长蒂，花色浅红；又有枝梗略坚，花色稍红者，名西府海棠；有生子如木瓜可食者，名木瓜海棠。"海棠花姿潇洒，花开似锦，自古以来就是雅俗共赏的名花，素有"国艳"之誉。西府海棠最易辨识的特点就是收拢向上的树势，整体株型显得很瘦。一

西府海棠

西府海棠

般的海棠花无香味，只有西府海棠既香且艳，有淡淡的清香，是海棠中的上品。花未开时，花蕾红艳，似胭脂点点，开后则渐变粉红，有如晓天明霞，富贵明媚，不论孤植、列植、丛植均甚美观。陆游有诗云："虽艳无俗姿，太皇真富贵。"形容海棠艳美高雅。其另一诗中云："猩红鹦绿极天巧，叠萼重跗眩朝日。"形容海棠花鲜艳的红花绿叶及花朵繁茂与朝日争辉的形象，久负盛名的就有北京故宫御花园和颐和园中的西府海棠。

红白相间的贴梗海棠

木瓜海棠

垂丝海棠

倭海棠

上面小小三间房舍，一明两暗，里面都是合着地步打就的床杌椅案。从里间房内又得一小门，出去则是后院，有大株梨花兼着芭蕉。（第十七回）

潇湘馆除了标志性的植物竹子，也兼有芭蕉树，和怡红院中的一红一绿不同，潇湘馆后院里与芭蕉搭配种植的是梨花。梨花靓艳寒香，洁白如雪，文人常借梨花洁白的颜色表现出女子美丽寂寞的神韵；而当梨花在暮春凋谢或是雨打梨花之时，又常与寂寞、惆怅的心情有着密切的关系，借梨花飘零凋谢的特征抒发凄凉与哀怨的思绪。

梨花

《小窗幽记》卷九记载“芭蕉，近日则易枯，迎风则易破。小院背阴，半掩竹窗，分外青翠。”芭蕉叶如巨扇，翠绿秀美，夏日可遮阴避凉，正所谓“潇洒绿衣长，满身无限凉”。白居易的诗中亦云“碎声笼苦竹，冷翠落芭蕉”，古人对芭蕉总是带着一种忧愁、伤感落寞的情绪。梨花和芭蕉，一个冰姿玉骨一个碧叶如玉，令人心静，也隐隐感到一丝神伤，契合于“黛玉”的名字和其性格，也越发将黛玉清愁的思绪渲染出来。

梨花

这边贾母花厅之上，共摆了十来席。每一席旁边设一几，几上设炉瓶三事，焚着御赐百合宫香。又有八寸来长、四五寸宽、二三寸高的点着山石、布满青苔的小盆景，俱是新鲜花卉。又有小洋漆茶盘，内放着旧窑茶杯并十锦小茶吊，里面泡着上等名茶。一色皆是紫檀透雕，嵌着大红纱透绣花卉并草字诗词的璎珞……又有各色旧窑小瓶中都点缀着“岁寒三友”“玉堂富贵”等鲜花草。（第五十三回）

《红楼梦》中的各类宴席上，必有花卉出现，甚至还有以花卉为主题的宴会，比如海棠宴、梅花宴等。邓云乡先生的《红楼风俗谭》曾提到：“这里特别显示岁月时光的，不是焚烧御赐百合宫香的全套工具，而是各色旧窑小瓶中插瓶的‘岁寒三友’和‘玉堂富贵’等鲜花。”松、竹、梅因其经冬不衰、耐寒开放，而得“岁寒三友”之称；“玉堂富贵”则取玉兰花、海棠花、桂花谐音，寓意祥瑞，以及因牡丹花型宽厚，而赋予其圆满、浓情、雍容华贵之意。古人插花不光讲究造型还特别着重于抒情，通过花卉的组合来表达真善美的愿景，往往将焚香与赏花同时进行，形成视觉和嗅觉上的美感享受，同时更有饮酒、赋诗来助兴，这样丰富多样的集体活动和极致的享受，也只有在这钟鸣鼎食、荣华富贵之家才会有。

孙亨弘《玉堂富贵图》

清代金银线地“玉堂富贵”栽绒壁毯，北京故宫博物院藏。此挂毯上织有玉兰、海棠、灵芝、万字纹等图样，寓意着金玉满堂、富贵吉祥

赵孟坚《岁寒三友图》

桂花

第二章

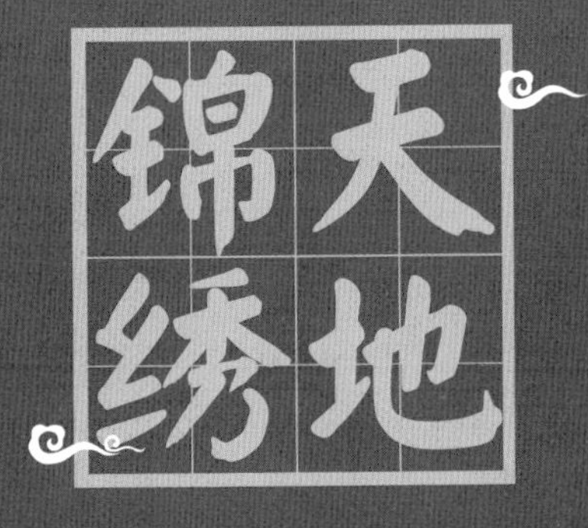

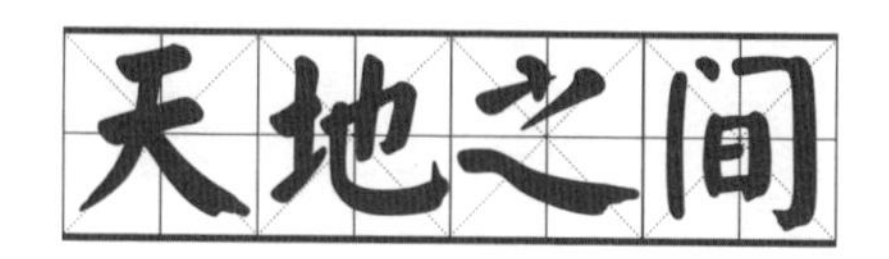

天地之间

* * *

在《红楼梦》中，贾府内的门仅种类来讲就有几十种之多，比如大门、二门、三门、角门、旁门、腰门、垂花门、仪门、钻山门、院门、园门、便门、篱门、月洞门、过街门、穿堂门、内宫门、外宫门、屋门、庵门、殿门、隔扇门等等，真可谓是“侯门深似海”。在林黛玉初入贾府拜见贾赦路上，便提及了“出了垂花门……亦出了西角门，往东过荣府正门，便入一黑油大门中，至仪门前方下来……进入三层仪门……”。门在我国封建社会是身份品阶的标志，不同的社会地位有不同的门的制式。据《明会典》记载，王府、公侯、一品、二品府邸的大门可用兽面和锡环，三品至五品只能用黑门锡环，六品至九品只能用黑门铁环，贾府的黑油大门就能表明贾家的社会地位，我们现在说的门第观念也是从古代演变过来。古时处处都强调尊卑等级，唐代对建筑的等级划分就已经极为细致，对屋架、藻井、斗拱、门、装饰等都有明确详细的规定。

府邸宅院的大门颜色凸显了阶级地位的高低，封建时代的宫殿为朱门，即漆红大门，曾是至尊至贵的标志，被纳入“九锡”之列。九锡，是指天子赐给诸侯、大臣的九种器物，属于最高级待遇。汉代何休注《公羊传·庄公元年》讲道：“礼有九锡：一曰车马，二曰衣服，三曰乐则，四曰朱户，五曰纳陛，六曰虎贲，七曰宫矢，八曰鈇钺，九曰秬鬯（chàng）。”朱户的赐予，是一种高规格的待遇。

汉代卫宏《汉旧仪》道：“（丞相）听事阁曰黄阁，不敢洞开朱门，以别于人主，故以黄涂之，谓之黄阁。”三公官署[1]避用朱门，厅门涂黄色，以区别于天子。红色和黄色皆代表着位高权重之人。普通官宦富家是黑油大门，庶民则不能上色涂漆，为原木色门。

皇帝亲赐建造的宁国府和荣国府是贾府的两个重要居所，黛玉初入贾府时首先看到的是三间平日里不会开启的兽头大门，兽头通常为古代神话传说“龙生九子”中的第九子

[1] 三公是中国古代宫廷中最高等的三个官职的合称。秦朝以后通常以丞相、太尉、御史大夫为三公。

故宫铜狮

椒图，其形似螺狮，面目狰狞，驱魔辟邪。府门前有成对的石狮，门前的狮子既有彰显权贵的装饰作用也有着镇宅纳吉的寓意。从我国唐代开始，石狮子就以对狮的摆放形式出现，左雄右雌。最典型的就是北京故宫门前的那对铜狮，铸造于乾隆年间，左边母狮子在逗趣幼子，象征子嗣延绵，右边公狮子舞弄绣球，掌握乾坤。

门上还会有装饰性的结构构件。门簪是安装在上槛的构件，能够起到加固门框的作用，少则 2 个，常见为 4 个，皇家、王府的门簪可达 12 个。门簪外形有圆形、花瓣形或六边形等，雕刻彩饰的图案以花卉植物，吉庆字样为主。

铺首是镶嵌在门上的装饰物，大多为兽面衔环的形态，有叩门和开关门之用。帝王皇宫大门上的铺首采用铜制鎏金，多为狮、虎、螭、椒图等兽像，面目狰狞，辟邪镇妖，其更主要的是为了彰显皇家的威严尊贵的气势，而达官显贵之家不论尺寸、选材、兽形都会较之低一些层级。到了普通人家便多为铁制铺首，图案为自然花卉植物等。

门钉本是为了加固木板门扇，到后来随着制作工艺的提升，门钉更加强调装饰性，到清代也成了等级高低的标志之一。《大清会典》载：“宫殿门庑皆崇基，上覆黄硫璃，门设金钉……坛庙圆丘外内垣门四，皆朱扉金钉，纵横各九……亲王府制，正门五间，门钉纵九横七……世子府制，正门五间，门钉减亲王七之二……郡王、贝勒、贝子、镇国公、

故宫兽面朱红院门，每扇门9行9列门钉，门簪4个，门钉铜制鎏金，饰有兽面

当今北京胡同里的四合院大门

辅国公与世子府同……公门钉纵横皆七，侯以下至男递减至五五，均以铁。”平民百姓的家门则根本不能用门钉。

仪门，即礼仪之门，是明清官署、邸宅大门内的第二重正门，作为主事官员迎送宾客的地方，平常不常开启。《明会典》中便提到仪门，凡新官到任之日，至仪门前下马，由迎接官员迎入仪门之风。喜庆大典、皇帝临幸、宣读诏旨或举行重大祭祀典礼活动时，也要大开仪门。

黛玉初入贾母院时，还提到了垂花门。垂花门是指古时住宅的二门，即“大门不出，二门不迈”中的二门，门上修建有像屋顶一样的盖，盖的四角有不落地的檐柱，柱尾端雕花彩绘，故称“垂花门”。在宅院中，垂花门是连接内外宅院的唯一通道，也是区别男女、主仆、内外人的界限。常见的垂花门有两道门，外院一侧的门类似于街门，多为防卫之用，内院一侧的屏门为隐蔽隔断之用，只在有重要、大型的活动时才会开启，两门之间的空间与内院的抄手游廊贯通。

从内院屏门处看向垂花门外

《慈宁燕喜图》中的垂花门

垂花门

《红楼梦》中除了威严气派的前门，还有怡红院内的充满浪漫主义色彩，用花障编就的月洞门。月洞门因形如一轮十五满月而得名，又称月光门，是中国古典园林建筑中圆形的过径门，也常用来做隔断。月洞门外绿柳碧桃，门内芭蕉海棠，似隐非隐，独有一番诗情画意。

苏州留园月洞门

《十二月月令图·二月》中的花障门

《十二月月令图·八月》中的院内芭蕉和花障月洞门

《雍亲王题书堂深居图屏·立持如意轴》中的的竹篱花障

室内空间多用屏门，屏门由多扇组成，每扇门板一侧的上下角安装金属件，在槛框内可以转动开启，需要时还可把门板拆卸下来，将内外院或屋与院的空间连为一体，空间体量变换自如，空间功能也可灵活调整。

有金属件加固和装饰的屏门

屏门完全开启时，室内空间通透敞亮

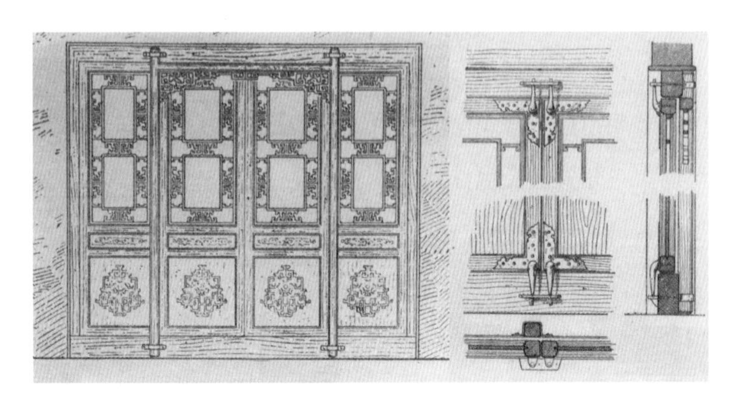

屏门细部

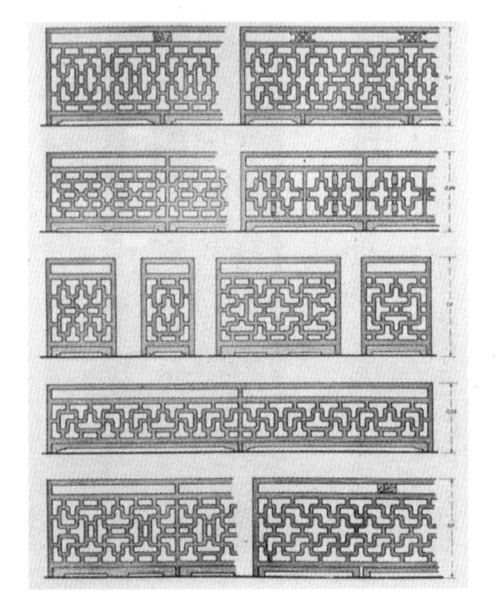

屏门及槛框的花格款式繁多

我国的古建筑多是木制框架结构，这使得窗成为中国传统建筑中重要的构成要素之一，窗在古代建筑中花样繁多，木作花窗的样式更是五彩纷呈，例如有象眼、寿、卍字、如意、牡丹、松等吉祥纹样。在古典园林艺术中也有多处月洞窗的应用，通过移步换景形成一步一景的视觉享受。在现代建筑中较经典的应用就是贝聿铭先生设计的苏州博物馆，随处可以见六边形洞窗，既可引入自然光亦可观景，表现出了时空借景的空灵意境，令人赏心悦目。

苏州博物馆

黛玉便命紫鹃将架子摘下来，另挂在月洞窗外的钩子上，于是进了屋子，在月洞窗内坐了。吃毕药，只见窗外竹影映入纱来，满屋内阴阴翠润，几簟生凉。（第三十五回）

林黛玉听说，便命丫头把自己窗下常坐的一张椅子挪到下首，请王夫人坐了。刘姥姥因见窗下案上设着笔砚，又见书架上磊着满满的书，刘姥姥道："这必定是哪位哥儿的书房了。"贾母笑指黛玉道："这是我这外孙女儿的屋子。"刘姥姥留神打量了林黛玉一番，方笑道："这哪里像个小姐的绣房，竟比那上等的书房还好。"（第四十回）

一面忙起来揭起窗屉，从玻璃窗内往外一看，原来不是日光，竟是一夜大雪，下的将有一尺多厚，天上仍是搓绵扯絮一般。（第四十九回）

黛玉成长于书香门第之家，散发着文人气质且才情兼备，连房间里都弥漫着浓浓的书香气。月洞窗似一轮满月，窗外悬着鹦鹉架，竹影映入纱窗，将一幅天然图画引入室内。窗内设着书案笔砚，旁边摆放着满是书籍的书架，书案设置在月洞窗下视线不受遮挡，白日在此书写光线也非常充足，在这样的窗下读书写字，好一个诗情画意之景。

《雍亲王题书堂深居图屏·捻珠观猫轴》中的月洞窗

潇湘馆整体是由绿色围绕，窗纱也是绿色的，于是贾母把太过顺色又有些老旧的纱换成了银红色的霞影纱。如果这里用纯度和明度高的红色会造成极其强烈的视觉反差，让原本清雅的空间顿时俗气倍增，贾母巧妙地运用了银红色，降低了色彩的纯度，并且在配置的比例上只是少少的点缀了一些，因此并不显俗气反而多了一丝少女的柔美和活泼，使整个空间氛围更具生机活力。

在发明纸出来之前，富贵人家是用纱、布、帘等来做窗户；唐宋时期，人们多用纸糊窗，大户人家则是用油纸来糊窗；至明清时期，宫廷内使用的是棉茧制作的绵纸；到了清朝晚期引进了玻璃，也只有皇宫贵族才用得起。仅从怡红院室内的“倏尔五色纱糊就，竟系小窗；倏尔彩凌轻覆，竟系幽户”便也能一窥贾府的富贵景象。窗的样式常见的有直棂窗、槛

槛窗细部

窗格一是可作为装饰物，加强美感，二来可以延长窗纸的使用寿命

窗、漏窗等。其中直棂窗多固定不能开启，宋代起开关窗渐多，在类型和外观上有了明显变化。

抬头一看，只见四面墙壁玲珑剔透，琴剑瓶炉皆贴在墙上，锦笼纱罩，金彩珠光，连地下踩的砖，皆是碧绿凿花，竟越发把眼花了，找门出去，那里有门？（第四十一回）

地下铺着拜毯锦褥。贾母盥手上香，拜毕，于是大家皆拜过。贾母便说："赏月在山上最好。"因命在那山脊上的大厅上去。众人听说，就忙着在那里去铺设。贾母且在嘉荫堂中吃茶少歇，说些闲话。一时，人回："都齐备了。"贾母方扶着人上山来。（第七十五回）

砖本是低廉之物，原料易取，存世量多，然而自秦始，迄于宋，砖上多镌刻有文字图案纹样，成了研究古代历史文化的重要原始资料，于是有了较高的史料价值，成为我们中华民族特有的一种文化遗产。古代的砖有方砖、条砖和空心砖三大类。古砖上的图案有的质朴，有的雅致，主要有虎形、鸟形、鱼形、树形、凤形、龙形，间或有窗格纹、泉纹、蕉叶纹和波浪纹，等等，贴近生活与自然，有较强的艺术趣味性。宝玉屋内碧绿凿花的玉石地砖、贾母用到的绸锦铺地，都是典型的富贵人家的标准配置。

殿内青石砖铺地

墙面装饰中，常见的多为字画装饰。《长物志》中对挂画有这样的描述：“悬画宜高，斋中仅可置一轴于上，若悬两壁及左右对列，最俗。”说的是挂画的位置宜高不宜低，室内只能挂一幅画，两壁或者左右对称悬挂最俗气。荣禧堂大紫檀案上挂着一幅寓意着朝臣

《康熙帝便装写字像》局部的墨龙大画，北京故宫博物院藏

上朝拜见帝王的大画，画中巨龙在云雾中隐现，龙在此画中代表着皇权帝王之意，这种写意的手法非常具有张力，给人无限想象。

宝玉走到里间门口，看见新写的一副紫墨色泥金云龙笺的小对，上写着："绿窗明月在，青史古人空。"宝玉看了，笑了一笑，走入门去……一面看见中间挂着一幅单条，上面画着一个嫦娥，带着一个侍者；又一个女仙，也有一个侍者，捧着一个长长儿的衣囊似得，二人身边略有些云护，别无点缀，全仿李龙眠白描笔意，上有"斗寒图"三字，用八分书写着……黛玉道："岂不闻'青女素娥俱耐冷，月中霜里斗婵娟'。"（第八十九回）

潇湘馆的内室门口挂着对联："绿窗明月在，青史古人空。"明月依旧，一切终为空，谁也逃不脱命运的安排，"斗寒图"和明月衬托出黛玉的孤寂和高冷，有如李商隐诗句："青女素娥俱耐冷，月中霜里斗婵娟"中的超凡脱俗、冷艳清雅。

探春的秋爽斋西房墙上正中间挂着一幅米襄阳的《烟雨图》，两边是一副颜鲁公的对联，写道："烟霞闲骨格，泉石野生涯。"米襄阳就是米芾，北宋时期的书法家，米芾个性张狂、生性不羁，喜爱江南的烟云薄雾、自然淡雅，创立了以点代皴的“米点山水”技法，米芾所绘山水浩瀚烟雨、山水延绵，并不着眼于细部的刻画，更注重氛围和情绪的表达。两侧颜真卿的对联内容恰好道出了画者的心境，体现出探春士大夫的情怀和男儿阔达的胸怀。

明代倪元璐仿米芾山水图扇页，北京故宫博物院藏

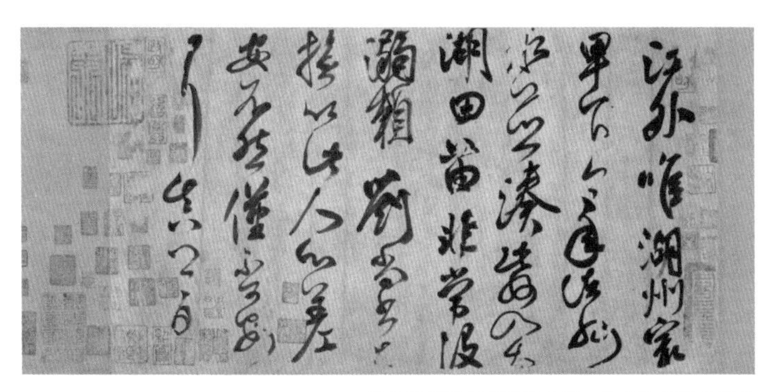

唐代颜真卿行书湖州帖卷，北京故宫博物院藏

回头再走，又有窗纱明透，门径可行；及至门前，忽见迎面也进来了一群人，都与自己形相一样，却是一架玻璃大镜相照。及转过镜去，越发见门子多了。（第十七回）

刘姥姥刘姥姥掀帘进去，抬头一看，只见四面墙壁玲珑剔透，琴剑瓶炉皆贴在墙上，锦笼纱罩，金彩珠光，连地下踩的砖，皆是碧绿凿花，竟越发把眼花了，找门出去，那里有门？左一架书，右一架屏……伸手一摸，再细一看，可不是，四面雕空紫檀板壁将镜子嵌在中间。因说："这已经拦住，如何走出去呢？"一面说，一面只管用手摸。这镜子原是西洋机括，可以开合。不意刘姥姥乱摸之间，其力巧合，便撞开消息，掩过镜子，露出门来。（第四十一回）

麝月笑道："好姐姐，我铺床，你把那穿衣镜的套子放下来，上头的划子划上，你的身量比我高些。"（第五十一回）

文中多次提到了紫檀板壁大穿衣镜，镜子上还配有镜套。这里的镜子在空间里起到暗门的功能兼具装饰作用，设计得很精巧，并且搭配有镜套帘子。这面镜子相当于卧室的房门，通常在卧室内是不宜放大镜子的，因为易碎的材质会让人缺乏安全感，也可能会在夜间因不经意照到镜子而受到惊吓，所以搭配有镜帘，能在夜间起到遮挡的功能。

玻璃镜是在明代由欧洲传到中国的，最开始这种稀有的舶来品只有皇室贵族才能享用到，曹雪芹在这里着重描写这个大的穿衣镜，一方面是凸显贾府的身份高贵，另一方面在文学手法上也起到了映射这个真假虚实世界的作用。

通过刘姥姥醉卧怡红院这一回的描述来看，其屋内整体感觉是偏女性化的，墙上挂有女孩儿的画像，也让刘姥姥误会是小姐的绣房。现在看来这么多装饰堆砌出来的室内空间，着实有些让人眼花缭乱，也并不是主流推崇的装饰手法。当我们再仔细分析人物性格的时候，其实能够发现作者这样安排主要是为了凸出每个人物的特性，从另一个角度来讲，居住主人的气质和喜好决定了居住环境的氛围，宝玉形容女儿是水做的骨肉，男人是泥做的骨肉，女儿在宝玉的心中是无比尊贵和纯净的，因此也不难理解怡红院有如此花团锦簇、华美精致的室内空间。

除了建筑“硬性墙面”上的装饰，还有自带装饰属性的“软性墙面”，即隔扇。隔扇在古代建筑室内是一种分隔空间的半透的活动门，清代《装修作则例》中就有“隔扇碧纱橱”一说。普通百姓家里的隔扇常用纸糊，而富贵人家的隔扇常使用玻璃或者各色的纱，并装饰有精美的吉祥图样，还可根据喜好，配合环境在上面用书法或绘画等进行装饰。

在《红楼梦》中曹雪芹非常详细地描述了怡红院的隔扇造型：

只见这几间房内收拾得与别处不同，竟分不出间隔来的。原来四面皆是雕空玲珑木板，或“流云百蝠”，或“岁寒三友”，或山水人物，或翎毛花卉，或集锦，或博古，或卍福卍寿，各种花样，皆是名手雕镂，五彩销金嵌宝的。一槅一槅，或有贮书处，或有设鼎处，或安置笔砚处，或供花设瓶、安放盆景处。其槅各式各样，或天圆地方，或葵花蕉叶，或连环半壁。真是花团锦簇，剔透玲珑。倏尔五色纱糊就，竟系小窗；倏尔彩凌轻覆，竟系幽户。且满墙满壁，皆系随依古董玩器之形抠成的槽子。诸如琴、剑、悬瓶、桌屏之类，虽悬于壁，却都是与壁相平的。（第十七回）

曹雪芹对怡红院内室的描写虚虚实实、如梦似幻，整个空间没有用实墙做分隔，四处皆由名家之手雕镂，具有吉祥寓意、造型各异的镂空隔断，将居室装扮成了一个艺术品陈列室，整个空间玲珑剔透，分不出虚实。我们现代设计中常用一些瓷器、挂画、艺术装置等挂在墙面上做装饰，怡红院也不例外，墙上和十锦槅子上放满了艺术品，唯一不同的是我们通常是挂在墙上，怡红院的艺术品大部分都是抠嵌

清代孙温绘《贾政游园同归书房》中的怡红院部分内景，从画中可以看到独特的隔扇造型，槅架上放满了琳琅满目的奇珍异宝

在墙壁里。而秋爽斋则完全相反，屋内三间房都没有隔断，布置上颇具大家之气，空间阔朗，也侧面显示出探春爽朗大方的个性。

现代室内空间隔扇造型更加简化，多由繁复的图形和图案变为抽象和几何的造型，同时也注重神韵，与整体空间相协调搭配。现代设计中并没有局限于单一的展示方式，还会

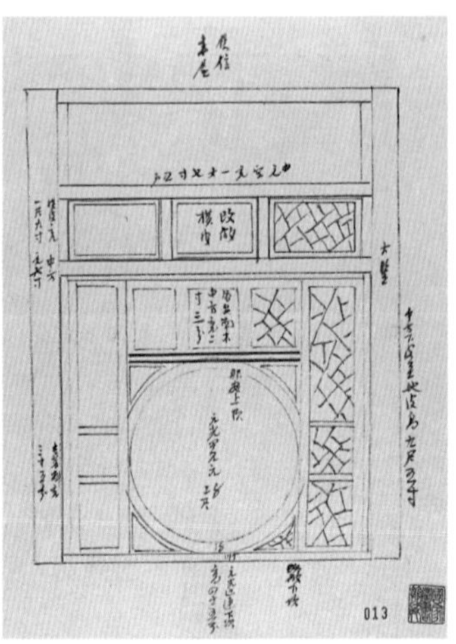

履信书屋圆形装饰门的立视图，该书屋位于圆明园一隅。圆光罩是中国古代建筑内檐装修木雕花罩的一种，花罩种类很多，有支撑两侧的“几腿罩”、两侧各有栏杆状花罩的“栏杆罩”，以及从地上一直到房顶的“落地罩”等。建筑内树立花罩可以使空间既沟通又分隔，兼具装饰之美

加入喷绘、编织、新材料等手法，取中华文化之精髓，化繁为简给人无限想象，更具有柔和的朦胧美，混搭的设计也别有一番韵味。

从古至今，前人们积累下来了丰富多彩的建筑装饰元素，风俗民情由表入里、由点至面，古人们经典而又深刻的理念延续至今，使我们现在看来仍有一种强烈的感染力，这种强韧的文化力量值得我们去延续，使之不仅仅作为艺术遗产而存在，更要将其精华发扬光大。

桌几案

* * *

承具，顾名思义即是一种顶部承重的家具，包含桌、案、几三大类，按功能用途又可细分为陈设用具、文房用具、饮食用具和床榻用具。

桌与案在形制上有着明显的区别，马未都先生讲道："案和桌在形制上有本质区别。何为案、何为桌呢？一般来讲，腿的位置决定了它的名称，而与高矮、大小、功能都无关。腿的位置缩进来一块为案，腿的位置顶住四角为桌……中国人把一个承具分得清清楚楚，我们平时不注意，跟'案'相关衍生出来的词汇非常丰富，比如文案、方案、草案、议案，都跟案有关。因为我们过去办公，都使用案，与桌相对来说无关。只有中国有这样的家具，形制上不一样。"[1] 另外，颜师古在《急就篇》的"榹杆盘案杯閜碗"此句之后有注曰：

[1] 摘自《马未都说收藏·家具篇：案和桌的区别》，中华书局，2008年3月版

“无足曰盘，有足曰案。”这里的“案”，带有四个足，四足是缩进去的。也有例外的，比如一腿三牙的方桌，属于案形制但称为桌。几比桌、案更加窄长，常见的由三块板构成，大多放置陈设品。

明代陈洪绶绘《举案齐眉图》，这里的“案”，就是现在所说的托盘。古时指代托盘的“案”带有四足，四足均缩进去，在形制上与书案非常接近

桌与案在功能上区别并不大，日常饮食、学习办公、休闲娱乐等方面都有桌和案的身影。功能虽有交叉，但各司其职，其中桌常为日用，尤其多用于日常饮食，也较多当作量词使用，比如有“十桌酒席”之说；而案多与读书办公相关，比如“案牍”演化为“案件”，最终引申为今义，还有“案牍劳形”“举案齐眉”“拍案叫绝”等语汇，进一步来说，案更多地成了精神文化层面的符号。

在隋唐时期，高座家具已经普及开来，随着时间的推移，桌子的种类也日渐丰富，除了常见的长方桌、长条桌、方桌、条桌、圆桌、炕桌之外，还有半方桌、月牙桌等，用途也变得多样化，也有了特定场合使用的桌类，如供桌、琴桌、棋牌桌等。其中出现频率较高的方桌大致有一腿三牙方桌、霸王枨方桌和罗锅枨方桌三类，榫卯技艺的发展成熟使得家具的结构坚实且大方美观。长方桌和长条桌容易被混为一谈，其实在尺寸细节上有所区分，长方桌的长度不会超过宽度的两倍，而长条桌的长度是宽度的两倍以上，比长方桌的桌面更长，多靠墙靠窗摆放。

古典家具中的结构设计是其精髓所在，四面平家具中的粽角榫并不足以保持家具的长久耐用性，必须另加结构来增强稳固，因此出现矮老、角牙、霸王枨、罗锅枨等构件，加上这些构件，既没有使承具变得笨重，又保持了其爽快流畅的线条，并且增加了其结构强度。实用与美感兼具，形成了诸多古典家具精品并流传至今。

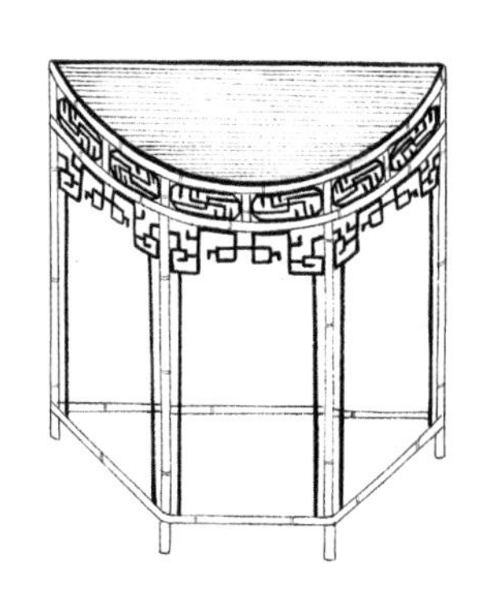

月牙桌，也叫半圆桌

罗锅枨方桌，
北京唐朝饰界提供

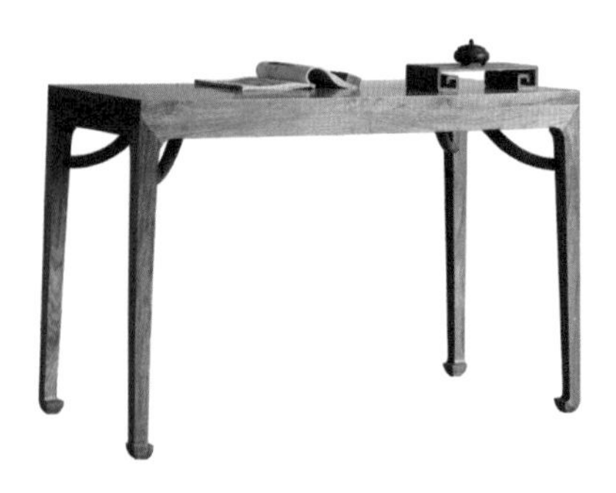

霸王枨书桌，
北京唐朝饰界提供

一腿三牙垛边罗锅枨方桌，
北京唐朝饰界提供

老嬷嬷听了，于是又引黛玉出来，到了东廊三间小正房内。正面炕上横设一张炕桌，桌上磊着书籍茶具，靠东壁面西，设着半旧得青缎靠背引枕。王夫人却坐在西边下首，亦是半旧的青缎靠背坐褥。（第三回）

又见两三个妇人，都捧着大漆捧盒，进这边来等候。听得那边说了声“摆饭”，渐渐的人才散出，只有伺候端菜的几个人。半日鸦雀不闻之后，忽见二个人抬了一张炕桌来，放在这边炕上，桌上碗盘森列，仍是满满的鱼肉在内，不过略动了几样。板儿一见了，便吵着要肉吃。（第六回）

大家又评了一回，复又要了热蟹来，就在大圆桌子上吃了一回。宝玉笑道：“今日持螯赏桂，亦不可无诗。我已吟成，谁还敢作呢？”说着，便忙洗了手提笔写出。（第三十八回）

《红楼梦》中出现桌之处，大都是摆放了食物、酒茶。内屋的炕桌是配合人们坐在炕、榻和床上时使用的矮桌子，供人们在床上吃饭、写字时使用，在我国北方更为常见。在寒冷的天气里，炕这种暖床不仅能够暖身，维持一定的室温，也能让炕桌上的饭菜维持更久的热度；若是在炕桌上读书写字，手脚也不易冰凉；若是久坐困乏，只需搬走炕桌就能躺下休息。书中袭人曾提道：“不用围桌，咱们把那张花梨圆

正中间的束腰炕桌兼具多种用途，左右两边的翘头案放置陈设物品

炕桌子放在炕上坐，又宽绰，又便宜。”这里出现了圆形炕桌。在明清时期，炕桌的使用日渐普遍，款式变得多种多样，且用材考究、制作严谨、结构合理，在器型上，处处流露出传统的古韵，既亲民又有诗意，可俗可雅，成为流传至今的经典家具。

文中的螃蟹宴，选在了盖在池中的藕香榭，一众人围坐大圆桌共同进餐，看鱼折桂，赏菊咏蟹，风雅至极。另有中秋赏月时也用了大圆桌“凡桌椅皆是圆的，特取团圆之意”，座次尊卑、长幼有序。封建社会的宴饮活动，讲究面东为尊，左为上，礼仪十分繁缛，中国现代家庭宴饮也形成了要以尊敬老人、尊敬师长、尊重宾客、爱护儿童为原则的礼仪文化。

大圆桌反映了国人的饮食习惯——合餐制，这种饮食方式能拉近人们之间的距离，满足人们的精神和情感需求。事实上，我国古代一直是分餐制，直到隋唐时期及至北宋以后，各民族在饮食文化上进一步交流融合，菜肴品种大增，宴会菜式丰富，再加上当时已普及高足家具，才由分餐制的一人一份餐品的形式演变为多人围桌合食的形式，并且在清中后期大圆桌才渐渐常见起来，演化成如今的合餐制。

清代孙温绘《赏中秋新词得佳识》

《乾隆帝是一是二图》，绢本设色，北京故宫博物院藏。画中的圆桌结合西洋风格，装饰繁复

《天籁阁旧藏宋人画册》，画中长榻左右各有一桌，左桌较短，放置酒水，右桌较长，上置书籍二叠、漆轴画卷、黑漆琴、围棋盘与棋子罐

清代孙温绘《荣国府元宵开夜宴》，花厅上摆设了十来席，每席旁放有一几，几上放着炉瓶三事、小盆景、茶盘、璎珞等，香炉里焚着御赐的宫香

贾府元宵家宴仍按分餐制列席。元宵节是一年中第一个月圆之夜，预示着一整年和和美美、团团圆圆。封建社会的大家族在很多时间和场合的礼数和排场是非常讲究的，荣国府这样的贵族家宴自然也少不了鼓乐喧天、花团锦簇的盛大场面。

每一道菜至，传至仪门，贾荇、贾芷等便接了，按次传至阶上贾敬手中。贾蓉系长房长孙，独他随女眷在槛内。每贾敬捧菜至，传于贾蓉，贾蓉便传于他妻子，又传于凤姐尤氏诸人，直传至供桌前，方传于王夫人。王夫人传于贾母，贾母方捧放在桌上。邢夫人在供桌之西，东向立，同贾母供放。直至将菜饭汤点酒茶传完，贾蓉方退出，下阶归入贾芹阶位之首。（第五十三回）

叫我传瓜果去时，又听叫紫鹃将屋内摆着的小琴桌上的陈设搬下来，将桌子挪在外间当地，又叫将那龙文鼒放在桌上，等瓜果来时听用……进了潇湘馆的院门看时，只见炉袅残烟，奠余玉醴。紫鹃正看着人往里搬桌子，收陈设呢。宝玉便知已经祭完了，走入屋内，只见黛玉面向里歪着，病体恹恹，大有不胜之态。（第六十四回）

琴几和带束腰方桌，黛玉私祭时直接拿来琴桌当作供桌使用

民间家族祠堂在西汉时期发展起来，至宋代理学盛行，于是有南宋朱熹的《家礼》建立起了祠堂礼制："君子将营宫室，先立祠堂于正寝之东"，并且"或有水盗，则先救祠堂，迁神主遗书，次及祭品，后及家财"，家族之中祠堂的地位高于一切，名宦巨贾、豪门望族均建有祠堂，以显其本，以祭其祖，因此贾府中的除夕祭祀仪式作者要单拿出来细讲。祭祀礼仪严谨繁复，仅供案来说就有十五案体之说，在此所使用的承具包含了更多的精神寓意，其形制、摆放方式更为讲究。

清代孙温绘《宁国府除夕祭宗祠》

忽有门吏忙忙进来，至席前报说："有六宫都太监夏老爷来降旨。"吓得贾赦、贾政等一干人不知是何消息，忙止了戏文，撤去酒席，摆了香案，启中门跪接。（第十六回）

设香案迎接圣旨，是表示对皇权的敬畏，是必不可少的一道接旨程序，在接过圣旨后，还需将圣旨放在香案供奉，香案即放置香炉的长桌。接旨人在接旨前一天就要沐浴更衣，焚香祷告，摆放香案，第二天传旨人中门入，接旨人站香案侧，传旨人站案前宣旨。

案的出现远早于桌，自古以来就有多种形式、功能、材质，实属明式家具中最为常见的经典款式。其形体修长清雅、协调自然，充满着清新文雅的文人气质。室外庭院的案，多数取自天然之材，如石案，其造型各异，有古朴规整也有天然随意。室内的案有画案、条案、桌案、供案等，案的形制两端有平头、翘头之分。翘头案两端翘起，形态飞扬，多用于办公类事务；平头案案面平直，较桌来说更为典雅古朴，多用于摆放陈设品和读书作画。

文中"荣禧堂"正室的大紫檀雕螭案主要用于陈设物品，紫檀木是极为名贵的木种，它的生长非常缓慢，因此大料尤为珍贵。紫檀木木质坚硬、纹理细腻、色泽深沉，适合雕琢加工，其成品典雅稳重具有大家风范，民间素有"一寸紫檀一寸金”的说法。而案上的螭纹是上古传说龙之九子之一，没有龙角，此纹样经常用在建筑、家具、艺术品和器具上做装饰，亦有防火的寓意。

荣禧堂大紫檀案中间放着三尺来高的青绿古铜鼎，高大的铜鼎放在条案中间让整个空间挺拔稳重、气势如虹。鼎最早是人们用来烹煮的器物，随着时代的演变，鼎逐渐变为祭祀礼器而进一步成为王权的象征，传国之重器。鼎的一边放着金蜼彝，金蜼彝是一种有长尾猿纹样的青铜祭祀器具，鼎的另一边是玻璃盛酒器做点缀，三件艺术品摆放的高低错落有致。

商晚期至西周早期祖丁鼎，高 85.5 cm，口径 59.4 cm。台北故宫博物院藏

探春房间里的花梨大理石大案是当作书案、画案来使用的，相对供案和条案来说更加宽阔、敦厚，此类案常采用的是平头的吊头[1]，案上常垒放着很多字画名帖、砚台笔筒。这也契合了探春志趣高雅、爽朗大气的特点。

明式夹头榫带托泥大画案，北京唐朝饰界提供

明代紫檀书案，北京故宫博物院藏

[1] 吊头，明清家具工艺术语，指无束腰的桌面、案面、凳面等伸出腿足的部分。北方工匠称之为“吊头”，南方工匠称之为“抛头”。

每一榻前有两张雕漆几，也有海棠式的，也有梅花式的，也有荷叶式的，也有葵花式的，也有方的，也有圆的，其式不一。一个上面放着炉瓶一分攒盒；一个上面空设着，预备放人所喜之食。上面二榻四几，是贾母、薛姨妈；下面一椅两几，是王夫人的，余者都是一椅一几。（第四十回）

几有六角、平角、海棠、方、圆等形制，北方人放于炕上的是炕几，摆放香炉的是香几，还有长几、高几、矮几之分，可搭配各种坐卧家具，我们现代居室中用的几也有多种功能，比如茶几、边几、装饰花几，等等。封建社会长幼有序，座次、排位、举止都要严格遵守封建秩序和礼法，就连使用的家具也是按照辈分来设置的，从家具形制和使用数量上来区分尊卑。

清代紫檀雕花方几，北京故宫博物院藏

几除了有实用功能之外，还能放置艺术品和盆景来装饰空间。中国人将心中山水缩略到方寸之间，寄情于景创作了盆景这样的微观艺术，几点山石、沟壑、峰峦、苍翠的组合，需要在色彩搭配、构图、空间上精心设计，讲究细节和大局兼顾，培育出一件好的盆景需要极高的艺术修为。另外几之上还可焚香、点茶、插花等，都是古代文人修身养性的生活雅趣，比如几上摆放炉瓶三事用来焚香和陈设，包含香炉、香盒和放置铜铲之类工具的箸瓶，它们常用铜和玉器作为制作材料。

清代紫漆描金山水纹海棠式香几。香几大多为圆形，较高，腿足弯曲较夸张，多三弯脚，足下有托泥。北京故宫博物院藏

现代生活中，花几与香几的造型进行了混合创新，几类家具的功能相互交叉，基本用于承托盆景、工艺品，放置于厅堂、茶室，或楼梯、玄关拐角，装饰性相对强于实用性。

明代雕漆文玩底座，大都会艺术博物馆藏

清代青玉嵌红宝石炉瓶盒三式，北京故宫博物院藏

椅凳榻

＊ ＊ ＊

椅子并非起源于中国，在秦汉时期之前古人皆席地跪坐，及至东汉时代，胡床从西域传入中国并逐渐发展为椅凳，后期随着更多的文化交流，发展出几种较常见的椅子样式，如

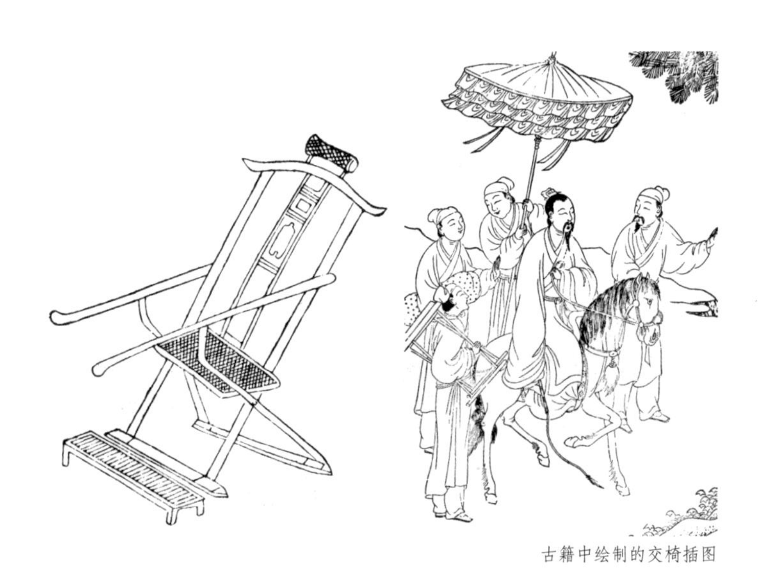

古籍中绘制的交椅插图

交椅、圈椅、官帽椅等。古代椅子常在扶手、靠背、椅腿等部位用铜、漆、螺钿、玉石、大理石等进行装饰。

交椅也叫作交床，最早是为了行军打仗和野外游玩时方便携带而设计的可收叠的椅子，通常前面附有脚踏，座面以麻、皮等覆面。宋代、明代时期交椅非常流行，是一种身份和地位的象征，荣禧堂的交椅更是以珍贵的楠木材料打造，非寻常百姓能够使用。交椅出现在很多古典书画的创作中，另外衍生出了“第一把交椅”之说。

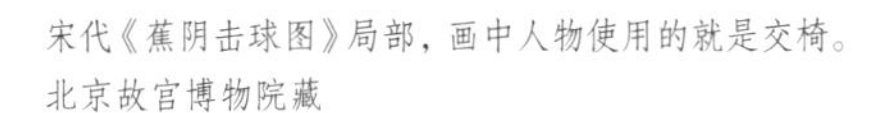

宋代《蕉阴击球图》局部，画中人物使用的就是交椅。北京故宫博物院藏

明式花梨木交椅，北京唐朝饰界提供

于是，进入后房门，已有多人在此伺候，见王夫人来了，方安设桌椅。贾珠之妻李氏捧饭，熙凤安箸，王夫人进羹。贾母正面榻上独坐，两边四张空椅，熙凤忙拉了黛玉在左边第一张椅上坐了。黛玉十分推让。贾母笑道："你舅母和嫂子们不在这里吃饭。你是客，原应如此坐的。"黛玉方告了座，坐了。贾母命王夫人坐了。迎春姊妹三个告了座，方上来。迎春便坐右手第一，探春左第二，惜春右第二。旁边丫鬟执着拂尘、漱盂、巾帕。李、凤二人立于案旁布让。外间伺候之媳妇丫鬟虽多，却连一声咳嗽不闻。（第三回）

一时礼毕，贾敬、贾赦等便忙退出，至荣府专候与贾母行礼。

尤氏上房早已袭地铺满红毡，当地放着象鼻三足鳅沿鎏金珐琅大火盆，正面炕上铺着新猩红毡，设着大红彩绣云龙捧寿的靠背引枕，外另有黑狐皮的袱子搭在上面，大白狐皮坐褥，请贾母上去坐了。两边又铺皮褥，让贾母一辈的两三个妯娌坐了。这边横头排插之后小炕上，也铺了皮褥，让邢夫人等坐了。地下两面相对十二张雕漆椅上，都是一色灰鼠椅搭小褥，每一张椅下一个大铜脚炉，让宝琴等姊妹坐了。尤氏用茶盘亲捧茶与贾母，蓉妻捧与众老祖母；然后尤氏又捧与邢夫人等，蓉妻又捧与众姊妹。凤姐、李纨等只在地下伺侯。（第五十三回）

前文讲道古人在饮食文化中非常注重席位的尊卑位次，在平时的接人待物等方面，席位同样有贵贱尊卑、亲疏内外、男女长幼之分，古典家具的陈设方式以榻、炕为尊，椅次之，家具的造型、装饰、材料等都有着鲜明的阶级性。贾母地位最高，因此是坐在炕上正中位，用的是“象鼻三足鳅沿鎏金珐琅大火盆”和“大白狐皮坐褥”，其他众姊妹作为小辈则是坐在雕漆椅上，用的是“大铜脚炉”和“灰鼠椅搭小褥”，凤姐与李纨因都是贾家媳妇，所以“只在地下伺侯”。黛玉初入贾府到贾母处吃晚饭时，尊卑位次同样如此，处处体现着封建时期的宗法礼制。

明代景泰款掐丝珐琅螭耳炉，台北故宫博物院藏

众姊妹坐着的雕漆椅也是件稀罕物。雕漆是在涂抹出一定厚度的漆胎上，用雕刻刀剔刻花纹的技法，有在木料、铜料等材质上堆漆雕刻，更甚者有在黄金白银上堆漆雕刻。此法始于唐代，到了宋元时期雕漆工艺日臻成熟，已出现许多精品，明清两代更有了极大发展。明隆庆年间黄成所著的《髹饰录》中曾记载："剔红，即雕红漆也。髹层之厚薄朱色之明暗，雕镂之精粗，亦有巧拙。唐制多印板刻，平锦朱色，雕法古拙可赏，复有陷地黄锦者。"张应文所著的《清秘藏》中也叙述了对雕漆的辨别和收藏："果园厂雕漆器皿上漆不厚，只涂三十六遍。胎骨多用金银锡木制成。上雕极细锦纹，比之元代张成、杨茂剑环香草花纹式样尤胜一筹。"乾隆皇帝酷爱雕漆，专设造办处承办皇家御用雕漆。这一时期雕漆制作极盛，手法深受明晚期嘉靖、万历雕漆艺术风格的影响，漆色较明代更加鲜红艳丽而色滞，图案纹饰也更加丰富多彩，装饰华丽复杂，达到了登峰造极之势。

雕漆之物在《红楼梦》中出现过多次，史太君两宴大观园时出现了雕漆几，有海棠式、梅花式、荷叶式、葵花式……其式不一，妙玉给贾母捧茶时，用的是一个海棠花式雕漆填金云龙献寿的小茶盘来端盖碗。

雕漆瓶

清代雕漆剔红龙纹方胜盒，台北故宫博物院藏

椅是有扶手靠背的坐具，凳则是指无扶手靠背的坐具。根据不同的场合和不同的使用者，古典椅大致分为禅椅、官帽椅、玫瑰椅、圈椅、交椅、太师椅等；凳则根据外形分为圆凳、方凳、长凳、矮凳等，再加上多种多样的辅助构件和榫卯结构，以及束腰、雕花、镶嵌等工艺装饰，坐具无疑是古典家具中的集大成者。

明式弯材四出头官帽椅，北京唐朝饰界提供

缅花五足圆凳，北京唐朝饰界提供

无握把小圈椅，北京唐朝饰界提供

“斋中仅可置四椅一塌，他如古须弥座、短榻、矮几、壁几之类，不妨多设，忌靠壁平设数椅，屏风仅可置一面，书架及橱俱列以置图史，然亦不宜太杂，如书肆中。”这是《长物志》中文震亨对于居室内家具摆放的描述，古代士大夫家族对家具配置是非常讲究的，读书、休息的内室仅能摆放四把椅子，王夫人的起居室便是“地下面西一溜四张椅上，都搭着银红撒花椅搭，底下四副脚踏”，当然并非所有空间都只能放四把椅子，椅子的摆放数量也是根据不同空间有不同的要求，荣禧堂正室摆放的则是两排共十六张楠木交椅。古人认为双数寓意好事成双，而且由于中庸之道的影响，对称的艺术手法在中国古典艺术中也经常使用，双数和对称蕴含着天地共存、庄重秩序、平衡和谐之美。又因为荣禧堂作为荣国府接待宾客的正室，空间非常宽阔，所以空间两边各有八张交椅对称摆放，彰显富贵庄严之氛围。

另外还有“合着地步打就的床机椅案”，就是根据房间的面积大小、朝向方位、使用功能等具体情况来制作和摆放椅子、桌案这类家具。潇湘馆里面的家具陈设就都是需要计算好尺寸来摆放的，就像我们现在很多小户型的家居，都是需要精确的计算才能合理的利用空间，也类似于我们现在所说的“定制家具”。由此可见，书中很多严谨精致的空间美学观念仍可以应用到现代居室设计之中。

床是一类比椅凳的出现更加早的家具，在椅凳这类坐具出现之前，床兼具休息、读书、会客等多种用途。我国古代床的种类有架子床、罗汉床、拔步床、填漆床、榻这几种形式，床和榻在外形上的区别在于，床有床架以供悬挂帐幔，床的围合性和私密性更强；在功能上，一般来说床更多的是用来休息，而罗汉床和榻除了可供睡卧以外也是常用的坐具之一。礼仪文化同样在床榻等器具上有所体现。

《韩熙载夜宴图》局部，画中的罗汉床和榻当作坐具使用，旁边的床则是床褥被帐齐全，供就寝使用

宝玉何曾见过这些书，一看见了便如得了珍宝。茗烟又嘱咐他："不可拿进园去，若叫人知道了，我就吃不了兜着走呢。"宝玉哪里舍得不拿进园去，踟蹰再三，单把那文理细密的拣了几套进去，放在床顶上，无人时自己密看。（第二十三回）

又进一道碧纱橱，只见小小一张填漆床上，悬着大红销金撒花帐子。宝玉穿著家常衣服，靸着鞋，倚在床上，拿着本书看。（第二十六回）

大户人家就寝的床大多应是架子床或者拔步床，床架均可悬挂床帐帘幔。架子床多为漏雕装饰，而填漆工艺则是在阴刻花纹的缝隙中填入不同颜色的漆，在寝床中并不多见。

填漆牡丹圆盒，台北故宫博物院藏

拔步床是非常特别的一种床中床，也叫作八步床，木质的床体体型庞大，床底有踏步底座，床前设有围廊可以放置小件置物家具，有多叠进深。木质床体上有非常多的精致镂空雕花和镶嵌，往往历时多年才能雕完一张床，民国时期还能在大户人家看到这样的床体。曹雪芹在描写探春室内环境的时候，便指出探春房中放置的就是拔步床。探春虽是庶出，但是她的性格干练，具有政治家的谋略和如男儿一般阔达的胸怀，只是限于女性的身份不得施展远大抱负，这床正如封建牢笼一般，将探春层层叠叠围困其中。

拔步床整个床体好似一个微缩精致的房间

拔步床精致的镂空雕花和镶嵌

贾母于东边设一透雕夔龙护屏矮足短榻，靠背引枕皮褥俱全。榻之上一头又设一个极轻巧洋漆描金小几，几上放着茶吊、茶碗、漱盂、洋巾之类，又有一个眼睛匣子。（第五十三回）

榻是一类较低矮的坐卧家具，榻四周无栏杆无围挡，加上三面围挡的便是罗汉床。《红楼梦》中贾珍和贾琏向贾母奉酒时，因榻较低矮，二人便屈膝跪着奉酒。贾母的席位设在东边，坐卧的是加了围挡透雕夔龙护屏短榻，榻上放着引枕和小几，几上是贾母的眼镜盒和茶碗之类的常用物品。《山海经·大荒东经》中描写夔形似牛，没有犄角只有一足，出入大海时就会风雨大作，商周时期青铜器中的夔纹跟龙形相似。

元代张雨题《倪瓒像》中的护屏矮榻，台北故宫博物院藏

《宋人书画孝经》中的护屏矮榻

临窗大炕上猩红洋罽，正面设着大红金钱蟒靠背，石青金钱蟒引枕，秋香色金钱蟒大条褥。（第三回）

宝玉忙请了安，薛姨妈忙一把拉了他，抱入怀内，笑说：“这么冷天，我的儿，难为你想着我，快上炕来坐着罢！”命人倒滚滚的茶来。（第八回）

众人看道：“这雪未必晴，纵晴了，这一夜下的也够赏了。”李纨道：“我这里虽好，又不如芦雪庵好。我已经打发人笼地炕去了，咱们大家拥炉作诗。老太太想来未必高兴，况且咱们小玩意儿，单给凤丫头个信儿就是了。你们每人一两银子就够了，送到我这里来。”（第四十九回）

炕是北方的产物，由于北方冬季寒冷，炕可以加热取暖，王夫人平时的起居室在正室的东边三间耳房内，为了坐在炕上的舒适性，通常会放置毯子、靠枕和引枕等。耳房里炕上铺着像猩猩血液一样鲜艳的红色毛织毯子，中间

清代宫廷画家绘《雍正帝读书像》，绢本设色，北京故宫博物院藏

北京故宫勤政亲贤殿

放着大红色的金钱蟒图案的靠背，金钱蟒是古代的一种绣球花纹，主要以花或龙凤为主题形象，经常被用到富贵华丽的高档服饰和纺织品中。引枕主要是方便坐着时手臂可以倚靠的圆垛形枕头。其中有很多中国的传统色彩，比如石青色是一种接近黑色的蓝色，秋香色源自天竺的植物颜料色，最早为佛家使用，到了清朝成为贵族的流行色彩，在很多皇室服饰中出现，在曹雪芹对潇湘馆的描述中也出现过。因曹雪芹的家世背景是清朝的江宁织造，所以在小说中对服饰面料的描写非常细致，这也是他对真实生活进行的艺术加工。家具的样式、材质、装饰体现着古时的社会政治文化、民众的生活方式和信仰风俗等，历经千年逐渐形成了独特的中国古典家具文化。

北京故宫三希堂

架格柜

* * *

明代方以智在《通雅·杂用》中讲到庋具类家具的发展演变："今之立柜，古之阁也……阁者，版格，以庋膳馐者，正是今之立馈。今吴中谓立馈为厨者，原起于此。以其贮食物也，故谓之厨，俗作橱。立馈亦作立柜。阁、格一声之转。"古时用来储藏收纳的家具不胜枚举，小件的有套、

五代南唐周文矩绘《重屏会棋图》，从东汉一直到宋初的书籍为卷轴装的纸本书，屏侧长榻上的箱子用来放书，作用类似于现代的书柜

筒、匣、盒、篮等，大件的大致分为柜、橱、箱、架、格，《六书故》中也有“今通以藏器之大者为柜，次为匣，小为椟”之说。

红雕漆柜格，台北故宫博物院藏。柜体周身髹朱漆，柜门之间设闩杆，配拉手，中间的抽屉让使用功能多样化，也使整体框架更加牢固

庋具类家具可以储藏收纳书籍、字画、衣物、食物、金银细软等，依用途选材，比如装书籍布料的家具多用樟木、杉木制作，在结构方面，古人更是匠心独运，设置隐蔽的夹层或闷仓，用来储存昂贵、重要的物件。在现代人们的概念中，柜有门，箱有盖，侧面开门为柜，顶部开盖为箱。而古时的柜，更像当今所说的箱子，是在顶部有可以开启的柜盖及锁，宋代以后的柜子才越来越趋近我们现在对柜子的认知，即侧面设门。

发展到后期，及至明清时期，各类储物家具进行了功能、结构上的融合创新，如结合了柜、橱、桌三种家具的功能的柜橱，它的高度如同常见的桌案高度，台面可置物，台面下的抽屉和柜子可以储物，在现代居室内可当作玄关柜使用。另外还有集柜、橱、格三种家具功能的亮格柜，上层亮格可陈设古董器物、书籍字画，下层带有柜门，内有分层或分格用作储物，有的还在亮格和柜体之间设抽屉。家具的多样化发展也间接反映了社会文化在长期稳定发展后的丰富多样，以及人民生活的富足安康。

直棂柜看起来简练朴素，实际上对透格工艺的细节要求很高

《胤禛行乐图·围炉观书》，北京故宫博物院藏。画中庋具上部为博古架，下部为带柜门柜体

原来四面皆是雕空玲珑木板……一槅一槅，或有贮书处，或有设鼎处，或安置笔砚处，或供花设瓶、安放盆景处。其槅各式各样……且满墙满壁，皆系随依古董玩器之形抠成的槽子。（第十七回）

宝玉道："我常见她在螺甸小柜子里取钱，我和你找去。"说着，二人来至宝玉堆东西的房内，开了螺甸柜子，上一格子都是些笔墨、扇子、香饼、各色荷包、汗巾等类的东西；下一格却是几串钱。于是开了抽屉，才看见一个小簸箩内放着几块银子，倒也有一把戥子。（第五十一回）

提及怡红院中的"一槅一槅"和"依古董玩器之形抠成的槽子"，更像传统的博古架或者多宝阁，在现代装饰中还有展示架、陈列架等。这类家具专用来陈列古董，架上可根据居住者的喜好和身份放置物品，比如书卷、笔砚、奇珍异宝、盆景等。其每层每列形状不规则，前后均敞开，无门板封挡，可从多个角度观赏架上放置的器物。一来可以储物陈设，二来兼具美观，三来还可用作室内隔断，不会阻断空间视野连续性，又可丰富空间的层次感。

怡红院室内的陈列物精美繁杂，令人有眼花缭乱之感；潇湘馆月洞窗内布置的架上放的全是书卷，淡雅且统一。种类繁多、颜色各异的珍宝放满陈列架并不见得美观，古雅的

怡红院的局部墙面和隔断就类似于《雍亲王题书堂深居图屏·博古幽思轴》中的多宝阁装饰场景，北京故宫博物院藏

陈列应讲究节奏之美，有主次之分。现代大多数高雅的陈设色调或整齐划一，或局部跳跃，或统一中有变化，古典风格的室内空间更要尽量选择清雅的饰品，少一些世俗之气，营造出疏而不空，满而不溢的美感空间。

带背板博古架，大都会艺术博物馆藏

清代宫廷画家绘《康熙帝读书像》，画中的书架与现代书架无异，书的陈列方式有所不同，绢本设色，北京故宫博物院藏

竹丝缠枝番莲多宝格圆盒，台北故宫博物院藏

紫檀多宝阁方匣，清代皇帝把玩的物件，长宽高大约有20㎝，里面全是小玩意儿，虽小但工艺精美、巧夺天工，极像怡红院内景的缩小版，台北故宫博物院藏

第三章

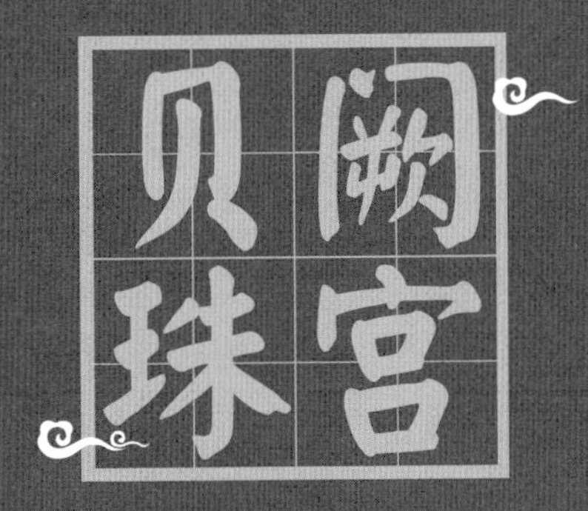

*
*
*

珍器古玩

* * *

《红楼梦》中的贾府是“钟鸣鼎食之家”“诗礼簪缨之族”，这既表明了贾府名门望族的富贵气象，又突出了其礼法严谨、书香传家的气韵。因此，贾府的主人有足够的条件去收藏大量的奇珍异宝，同时又有极高的艺术审美品位，可以让珍器古玩的陈列、使用，对居室的装饰起到至关重要又相得益彰的作用。“珍器古玩”四字，只是一个概括的说法，古董、字画、瓷器、各色摆件等都可以归入其中。《红楼梦》中关于此类陈设物品的描写颇耐人寻味，也反映出曹雪芹本人对居室陈设艺术的见解。

进入堂屋中，抬头迎面先看见一个赤金九龙青地大匾，匾上写着斗大的三个大字，是“荣禧堂”，后有一行小字：“某年月日，书赐荣国公贾源”，又有“万几宸翰之宝”。

大紫檀雕螭案上，设着三尺来高青绿古铜鼎，悬着待漏随朝墨龙大画，一边是金蜼彝，一边是玻璃𥫱。（第三回）

紫檀案上的三件物件，都是代表着礼法的器皿，符合荣国府正堂庄重的气质。鼎、彝等物，在古代多是祭器或生活用品，如果是国家大典铸的鼎，其上还有重要的铭文，正因如此，鼎不仅是豪门贵族的珍贵陈设，同时也是金石学者用以研究的重要文物。贾府正堂最显眼处设一鼎，可以说一举

兽面纹扁足方鼎，台北故宫博物院藏　　商朝兽面纹鬲鼎，台北故宫博物院藏

清代青玉方鼎式炉，北京故宫博物院藏

清代青玉召夫鼎，北京故宫博物院藏

两得，既凸显了居室的高贵气派，又体现出主人的文化素养。且贾府这青绿古铜鼎有3尺来高[1]，器型巨大，是宋代、明代之后的仿造者极难制造出来的，几乎可以肯定是价值连城的商周旧器，在宽敞明亮的正堂摆放，尺寸比例适当，形态适宜。如果用当时流行的青铜小件放在正堂，则会显得局促小气了。

正堂正室是高贵气派的样子，日常起居的地方又是另外一番味道，在正室东边的耳房内，作者又写道：

[1] 商代1尺合今16.95cm，周代1尺合今23.1cm，近现代计算3尺≈1 m

两边设一对梅花式洋漆小几。左边几上文王鼎匙箸香盒，右边几上汝窑美人觚——觚内插着时鲜花卉，并茗碗痰盒等物. 地下面西一溜四张椅上，都搭着银红撒花椅搭，底下四副脚踏. 椅之两边，也有一对高几，几上茗碗瓶花俱备。（第三回）

此处是贾政的起坐之处，依然有鼎，只是换成了小巧一些的文王鼎，在这里是一种仿古的香炉。而汝窑美人觚用来插花，就让我们现代人艳羡不已了。汝窑是宋代五大名窑之一，其烧造出的瓷器，以内敛典雅的“雨过天青云破处”的

掐丝珐琅兽面文王鼎，台北故宫博物院藏

清乾隆汝釉花觚，台北故宫博物院藏

北宋汝窑青瓷盘，台北故宫博物院藏

清代仿汝釉花囊，北京故宫博物院藏

颜色闻名于世，色泽温润、素雅古朴，为皇室御用品，在清代已经是极难得的珍品。不过宋以后，官方民间都有仿汝窑的瓷器，明清御窑也都有烧造，《红楼梦》中的瓷器，即使不是宋代的古董，也一定是当时最精巧的佳品。现在市场上很难寻觅到宋代汝窑瓷器，但当代仿汝窑的精品，同样可以为室内增添几分情趣与古意。

美人觚因形似美人体态而得名，觚的口部和底部为喇叭状，中段细长。《长物志》中对花器有这样的描写："大都瓶宁瘦，无过壮，宁大，无过小，高可一尺五寸，低不过一尺，乃佳。"用美人觚插花，形体纤细优美，花形与器形的巧妙搭配营造空间氛围，正和文人之雅趣。

从以上种种可以看出，曹雪芹不会让《红楼梦》中的器物，单纯为了显示富贵而陈列，一般都有更深的文化内涵，或是兼具实用价值，器物要融入生活，才算物尽其美。第六回中，也有一处细节体现了这一原则：

刘姥姥只听见咯当咯当的响声，大有似乎打箩柜筛面的一般，不免东瞧西望的。忽见堂屋中柱子上挂着一个匣子，底下又坠着一个秤砣般一物，却不住的乱幌. 刘姥姥心中想着："这是什么爱物儿？有甚用呢？"正呆时，只听得当的一声，又若金钟铜磬一般，不防倒唬的一展眼，接着又是一连八九下。

这件吓了刘姥姥一跳的东西，就是王熙凤后文会提到的"金自鸣钟"，清代赵翼《檐曝杂记·钟表》中描述道："自鸣钟、时辰表，皆来自西洋。钟能按时自鸣，表则有针随晷刻指十二时，皆绝技也。"自鸣钟在明代引入，接触初期国人的关注点集中在其精美外观、好听的鸣时声和复杂的附带活

英国 18 世纪，铜镀金自开门人打钟，北京故宫博物院藏

自鳴鐘 謹按

本朝製自鳴鐘鑄金爲之中承以柱下爲方匱面設表盤均十二分上起子午正右旋一日再周以短針指時長針指刻起丑未初鐘一鳴盡子午正十二鳴其初正自一鳴至四鳴各四刻匱內藏銅輪三重中爲大輪四軸上間小輪三聯之以旋時刻針左爲大輪三軸上間小輪二聯之旁大輪一綰擊具以擊鍾知時右亦如之以擊鐘知刻三重皆施隆線擊具皆有銅片為作止之限表盤徑二尺一寸五分冪以玻璃匱木質髹漆繪金花文四隅皆有柱中為周闌髹以

金縱距四尺七寸橫五尺七寸五分通高一丈六尺六寸

1766年（乾隆三十一年）出版的《皇朝礼器图式》中的自鸣钟

动部件方面，又因其价格昂贵，所以相比于计时的功能来说，更多的是作为一件珍品摆件来使用。凤姐管理着整个荣国府，日常事务都严格遵守时间安排，在她协理宁国府的时候，就提到跟她的人都有看钟表对时的习惯。刘姥姥听到钟敲不久，凤姐就回到自己的居处，可见作息确实规律。这一座钟，对于凤姐来说，就是必不可少的计时工具，摆放于居室内，也具备良好的装饰效果。

凤姐有一架玻璃炕屏，被贾珍借去摆放。玻璃在清代前期是与玛瑙等物相类似的稀罕物，康熙后期，宫廷内部已经可以制作了。这一架玻璃炕屏，除了有着隔断空间的作用外，也未尝不是一件贵重的摆件，因此凤姐平时都小心收藏起来，并不会随意使用。这其实是物尽其美原则的另一种体现：应时应景、绝不豪奢浪费，以人为中心安排物品，而不是以物品为中心去左右生活。

李渔在《闲情偶寄 · 器玩部》中谈道："设以刻刻需用者，而置之高阁，时时防坏者，而列于案头，是犹理繁治剧之材，处清静无为之地，黼黻皇猷之品，作驱驰孔道之官。"换个角度去理解这段话，就是不管器玩的美观程度，只以不妨碍日常生活作为摆放的准则。"物尽其美"的原则，并不是只有在大富之家才适用。我们现在正在经历消费升级，很多日常家居用品都越来越有质感，只要条件允许，不妨多添置几件能够给自己带来审美愉悦的物品，提升生活的质量。当然，有了东西，就要考虑摆放陈列的方法，《红楼梦》里的陈列布局，对于现代家居来说，也许参考价值有限，但是曹雪芹善于根据前人经验活学活用的这一点巧思，还是值得借鉴。

明清的文人士大夫，对于园林、居室的布置，已经形成了理论，风格也大同小异。尤其是江南地区，家居布置尚繁不尚简，目的是以有限的空间，增加尽可能多的空间形态、艺术手法的变化和装饰手法的种类，达到“芥子纳须弥”的审美效果。《红楼梦》中怡红院的设计，就契合了这种趋势，其中珍器古玩的陈列，也有多种方式：

只见这几间房内收拾的与别处不同，竟分不出间隔来的。原来四面皆是雕空玲珑木板，或“流云百蝠”，或“岁寒三友”，或山水人物，或翎毛花卉，或集锦，或博古，或万福万寿各种花样，皆是名手雕镂，五彩销金嵌宝的。一槅一槅，或有贮书处，或有设鼎处，或安置笔砚处，或供花设瓶，安放盆景处。其槅各式各样，或天圆地方，或葵花蕉叶，或连环半壁。真是花团锦簇，剔透玲珑。倏尔五色纱糊就，竟系小窗；倏尔彩绫轻覆，竟系幽户。且满墙满壁，皆系随依古董玩器之形抠成的槽子。诸如琴、剑、悬瓶、桌屏之类，虽悬于壁，却都是与壁相平的。众人都赞：“好精致想头！难为怎么想来！”（第十七回）

从上面这段描写可以看出，怡红院的陈设是十分繁复精巧的，除了四面各种形状的木作可以摆放珍玩外，还专门在墙上按照古董玩器的形状打了槽子。这样一来，身处怡红院中，不仅有琳琅满目的感觉，同时还不显得逼仄，层次感、区隔感都出来了。

现代家装中有着形形色色的隔断，其中也有类似的处理，比如以隔断兼置物架或博古架的设计屡见不鲜；电视上墙或者藏在定制电视柜的柜门中，与怡红院的古董入墙，也有异曲同工之妙。需注意的是，繁复的设计，一旦失去了规划，就会显得杂乱无章。《红楼梦》中的细节之美，其一就在于怡红院中，器物的摆放都是经过精心布置的。

袭人回至房中，拿碟子盛东西与史湘云送去，却见槅子上碟槽空着。因回头见晴雯、秋纹、麝月等都在一处做针黹，袭人问道："这一个缠丝白玛瑙碟子那去了？"……晴雯道："我何尝不也这样说。他说这个碟子配上鲜荔枝才好看。我送去，三姑娘见了也说好看，叫连碟子放着，就没带来。你再瞧，那槅子尽上头的一对联珠瓶还没收来呢。"（第三十七回）

连丫鬟们都对槅子上物品的位置烂熟于心，可见放缠丝白玛瑙碟子的地方绝不会放其他物件，联珠瓶摆放的位置也不会随意更换。这种布置安排，除了宝玉自己的设计以外，可能也是在元妃省亲之前，就经过贾政等人的商议。

博古架上满布各种瓷器、古董，如何才能做到给人以华贵富丽，错落有致的整体感觉，并且没有杂乱不协调之感，也不显呆板笨拙？文人士大夫们花了大量的精力去总结经验。李渔在《闲情偶寄》中谈到当时流行的“忌排偶”原则：

“胪列古玩，切忌排偶。”此陈说也。予生平耻拾唾余，何必更蹈其辙。但排偶之中，亦有分别。有似排非排，非偶是偶；又有排偶其名，而不排偶其实者。皆当疏明其说，以备讲求。如天生一日，复生一月，似乎排矣，然二曜出不同时，且有极明微明之别，是同中有异，不得竟以排比目之矣。所忌乎排偶者，谓其有意使然，如左置一物，右无一物以配之，必求一色相俱同者与之相并，是则非偶而是偶，所当急忌者矣。若夫天生一对，地生一双，如雌雄二剑，鸳鸯二壶，本来原在一处者，而我必欲分之，以避排偶之迹，则亦矫揉执滞，大失物理人情之正矣。即避排偶之迹，亦不必强使分开，或比肩其形，或连环其势，使二物合成一物，即排偶其名，而不排偶其实矣。大约摆列之法，忌作八字形，二物并列，不分前后、不爽分寸者是也；忌作四方形，每角一物，势如小菜碟者是也；忌作梅花体，中置一大物，周遭以小物是也；余可类推。当行之法，则有时变化，就地权宜，视形体为纵横曲直，非可预设规模者也。如必欲强拈一二，若三物相俱，宜作品字格，或一前二后，或一后二前，或左一右二，或右一左二，皆谓错综；若以三者并列，则犯排矣。四物相共，宜作心字及火字格，择一或高或长者为主，余前后左右列之，但宜疏密断连，不得均匀配合，是谓参差；若左右各二，不使单行，则犯偶矣。此其大略也，若夫润泽之，则在雅人君子。

古人室内的物品摆放，强调切不可犯“八字形”、“四方体”和“梅花体”的错误，怡红院中一对联珠瓶摆在一处，也没有落了“强使分开，矫揉执滞”的窠臼。前文提到的荣禧堂大案上的三件器物，也符合“忌排偶”的要求。此外，还有一处的摆设，也是用非排偶的陈列方式来摆放的三件器物——

西墙上当中挂着一大幅米襄阳《烟雨图》，左右挂着一副对联，乃是颜鲁公墨迹，其词云：“烟霞闲骨格，泉石野生涯”。案上设着大鼎。左边紫檀架上放着一个大观窑的大盘，盘内盛着数十个娇黄玲珑大佛手。右边洋漆架上悬着一个白玉比目磬，旁边挂着小锤。（第四十回）

磬，是古代一种打击乐器，也被作为礼器使用，形状像曲尺，用玉、石制成，可悬挂。探春以鲜果对玉器，黄色对白色；以“大观窑”对洋漆架，浅色对深色，做到了映衬对比，互相照映，李渔一定大赞有趣。不过文震亨要是看到探春放了数十个佛手，恐怕就要皱眉头了。因为他在《长物志》的“香橼盘”中写道：“有古铜青绿盘，有官、哥、定窑青冬磁、龙泉大盘，有宣德暗花白盘，苏麻尼青盘，朱砂红盘，以置香橼，皆可……然一盆四头，既板且套，或以大盘置二三十，尤俗。”

清代玉福禄磬式佩，台北故宫博物院藏

太平有象磬

碧玉龙纹磬，台北故宫博物院藏

香橼和佛手类似，雍正美人图中的佛手，就遵循了文震亨的摆放原则。探春为什么反其道而行之呢？这就体现了曹雪芹独特的审美设计，不会盲从前人之规。文震亨考虑的是士大夫的书斋布置，不会追求闺阁的温柔娇艳，士大夫房里如果放一堆娇黄玲珑的佛手或者香橼，视觉上太突出，自然破坏了端正风雅的感觉。而探春的房间不曾隔断，空间宽阔，数十个佛手，也并不十分扎眼，反而为房间增添了明快的色彩，也使得小姐的闺房与士大夫居室的风格有了区分。因此不仅不俗，还是作者独具匠心的设计突破。

清代黄玉佛手花插，北京故宫博物院藏

《雍亲王题书堂深居图屏·裘装对镜轴》中榻上置有佛手

现代家居中，几种主流的设计风格通常会对室内陈设设置一定的规则，不过，我们也完全可以像曹雪芹一样，对这些规矩、经验，进行具体问题具体分析，适合自己的，就遵循，遇到特殊情况，或是要强调个人风格时，完全可以打破常规。比如在工业风的室内放置柔软的布艺织品、皮毛装饰，看似与风格元素不搭边，实际上却有混搭的效果，并可以中和工业风的冷硬感。

当然，打破常规，还有一个程度问题，曹雪芹在《红楼梦》中，也为我们提供了一个生动的例子：

贾母因见岸上的清厦旷朗，便问“这是你薛姑娘的屋子不是？”众人道：“是。”贾母忙命拢岸，顺着云步石梯上去，

北宋定窑莲花纹梅瓶，台北故宫博物院藏

灵璧赏石，大都会艺术博物馆藏

一同进了蘅芜苑，只觉异香扑鼻。那些奇草仙藤愈冷逾苍翠，都结了实，似珊瑚豆子一般，累垂可爱。及进了房屋，雪洞一般，一色玩器全无，案上只有一个土定瓶中供着数枝菊花，并两部书，茶奁茶杯而已。床上只吊着青纱帐幔，衾褥也十分朴素……贾母摇头说："使不得。虽然他省事，倘或来一个亲戚，看着不像，二则年轻的姑娘们，房里这样素净，也忌讳。我们这老婆子，越发该住马圈去了。你们听那些书上戏上说的小姐们的绣房，精致的还了得呢。他们姊妹们虽不敢比那些小姐们，也不要很离了格儿。有现成的东西，为什么不摆？若很爱素净，少几样倒使得……如今让我替你收拾，包管又大方又素净。我的梯己两件，收到如今，没给宝玉看

清代料石花卉盆景，北京故宫博物院藏

清代金玉水仙盆景，台北故宫博物院藏

见过，若经了他的眼，也没了。”说着叫过鸳鸯来，亲吩咐道：“你把那石头盆景儿和那架纱桌屏，还有个墨烟冻石鼎，这三样摆在这案上就够了。再把那水墨字画白绫帐子拿来，把这帐子也换了。”（第四十回）

薛宝钗的“极简风”不被贾母认可，甚至到了需要贾母亲自帮她“收拾”的地步，在这两位之间，曹雪芹自己又倾向谁的意见呢？恐怕还是贾母的话更有道理。

蘅芜苑是“一所清凉瓦舍”，用的是“一色水磨砖墙，清瓦花堵”。贾政一开始对此处的评价就是“无味的很”，可一旦进入苑中，“四面群绕各式石块，竟把里面所有房屋悉皆遮住，而且一株花木也无。只见许多异草：或有牵藤的，或有引蔓的，或垂山巅，或穿石隙，甚至垂檐绕柱，萦砌盘阶，或如翠带飘摇，或如金绳盘屈，或实若丹砂，或花如金桂，味芬气馥，非花香之可比。”而且蘅芜苑正房宽大，有“五间清厦连着卷棚，四面出廊，绿窗油壁”。

因此蘅芜苑给人的整体感觉是平淡中又别有洞天，如果室内也如苑中一般，有一些风格朴素却又让人眼前一亮的陈设，那么室内与室外则气质统一，和谐自然。而薛宝钗那样太过简单的陈设，与窗外的满目异草对比，风格上的隔阂太大，又没有主次之别。而且作者没有写到之处，未必没有梳妆台、博物架、桌椅之类的家具——毕竟元妃省亲是来过的，不会给元妃看一处空屋子。蘅芜苑五间房子的空间，比潇湘馆等处大了近一倍，陈设却如此之少，薛宝钗突破“尚繁不尚简”原则的尺度过于大了一些。贾母在薛宝钗的基础上做了一些小调整，用玩器增加了室内装饰的层次感，使得室内环境与室外环境更加融合，符合明清之际追求室内室外“天人合一”的境界，有更深的人文精神在其中。

《长物志·序》对文人居室陈设的评价是“几榻有变，器具有式，位置有定，贵其精而便，简而裁，巧而自然也。”表达了当时社会的审美观念。另外，简单的陈设也可以有多种用途，高濂的《遵生八笺·起居安乐笺》便讲道：“置古铜花尊一，或哥窑定瓶一。花时则插花盈瓶，以集香气；闲时置蒲石于上，收朝露以清目。或置鼎炉一，用烧印篆清香。”客厅、书房乃至于卧室，都可以举一反三效仿此法放置使用。

如果说陈列之法是“骨”，那么陈列之物就是“肉”。骨架类似，不同的形态却要依靠不同的器物来呈现，不同的人，适合的珍玩也一定不同。

贾母是一位历经繁华、身份高贵、风趣幽默的老夫人。她选择的珍玩就带有鲜明的个人风格：朴素的，就要追求材质的独特，如前面提到过的“墨烟冻石鼎”；华丽的，就要追求形式的创新和精巧，如第五十三回荣府元宵夜宴中着重描写的“紫檀雕嵌的大纱透绣花草、诗字的璎珞”。而这幅璎珞的精巧之处就在于其“慧绣”的绣工——

凡这屏上所绣之花卉，皆仿的是唐、宋、元、明各名家的折枝花卉，故其格式配色皆从雅，本来非一味浓艳匠工可比，每一枝花侧皆用古人题此花之旧句，或诗词歌赋不一，皆用黑绒绣出草字来，且字迹勾踢，转折，轻重，连断皆与笔草无异，亦不比市绣字迹板强可恨。（第五十三回）

这段描写，和故宫收藏的顾绣珍品十分贴合，“慧绣”类似于著名的顾绣，是以名画为蓝本的“画绣”。顾绣诞生于晚明时期上海顾氏露香园，是以韩希孟为代表的中国刺绣史上著名的刺绣流派。她既继承了宋代以来的画绣，又有所创新。著名的有《韩希孟宋元名迹册》，搜访宋元名迹为蓝本绣画，临摹8幅，以针代笔，以线代墨，运用套针、滚针、网针等针法摹临刺绣，达到画绣水乳交融的艺术境界，历经数年绣成画册、手卷等陈设品。这类陈设品半绣半绘、针法多变、层次丰富，图案不管是山水花鸟还是人物都生动活泼、栩栩如生，堪称一绝，其在明清之际，影响巨大。估计曹雪芹杜撰的“慧绣”之名，也借鉴自类似“顾绣”这样的名绣。

《韩希孟宋元名迹册·洗马图》，对页有董其昌题赞曰：“一鉴涵空，毛龙是浴。鉴逸九方，风横喷玉。屹然权奇，莫可羁束。逐电追云，成里在目。”

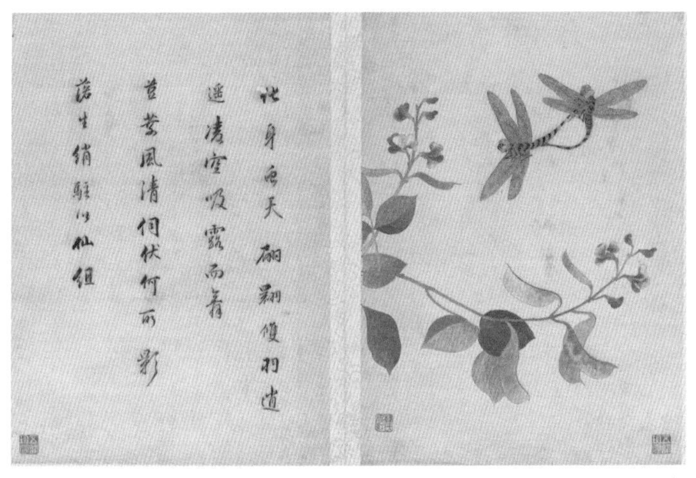

《韩希孟宋元名迹册·扁豆蜻蜓图》

《韩希孟宋元名迹册·葡萄松鼠图》

明代顾绣八仙庆寿挂屏，将画布置入木框内悬挂装饰，多代替画轴，是一种纯装饰性的物件

贾母所喜之物，必定是这样出类拔萃又生趣盎然的东西，顾绣也有大幅人物、山水的作品，但气质偏向于士大夫，就不符合贾母的审美需求了。像第七十二回中提到的“蜡油冻佛手”，蜡油冻可能是指一类珍贵冻石，如寿山田黄冻石，石质微透明，润滑如结冻之油蜡，似冬冻的油脂，黄者如蜜蜡，冻石摆件的价值取决于石材、雕工等因素；另一种可能是指属于古老化石里的黄色蜜蜡，半透明，与琥珀类似，素有“千年琥珀，万年蜜蜡”之称。不论是哪种，都十分珍贵，可惜整体形态上屡见不鲜，所以贾母摆了几天就腻烦了，给了王熙凤。

寿山石章料，大都会艺术博物馆藏

清代蜜蜡松鹿长春砚山，台北故宫博物院藏

贾府各主子们的品位已经十分高雅了，但是大观园中还有一位人物，视贾府的器玩为“俗器”，她就是妙玉。妙玉本是出家之人，又性情乖僻孤傲，可她偏偏有很多价值不菲的古董，什么样的古董才入得她的眼呢?

妙玉听了，忙去烹了茶来。宝玉留神看她怎么行事，只见妙玉亲自捧了一个海棠花式雕漆填金云龙献寿的小茶盘，里面放一个成窑五彩泥金小盖钟，捧与贾母……然后众人都是一色官窑脱胎填白盖碗……又见妙玉另拿出两只杯来。一个旁边有一耳，杯上镌着“瓟爮斝”三个隶字，后有一行小真字是“晋王恺珍玩”，又有“宋元丰五年四月眉山苏轼见于秘府”一行小字。妙玉便斟了一斝递与宝钗。那一只形似钵而小，也有三个垂珠篆字，镌着“点犀盉”。妙玉斟了一盉与黛玉。仍将前番自己常日吃茶的那只绿玉斗来斟与宝玉。宝玉笑道：“常言‘世法平等’，他两个就用那样古玩奇珍，我就是个俗器了。”妙玉道：“这是俗器？不是我说狂话，只怕你家里未必找的出这么一个俗器来呢。”宝玉笑道：“俗说‘随乡入乡’，到了你这里，自然把那金玉珠宝一概贬为俗器了。”妙玉听如此说，十分欢喜，遂又寻出一只九曲十环一百二十节蟠虬整雕竹根的一个大盒出来，笑道：“就剩了这一个，你可吃的了这一海？”（第四十一回）

成窑五彩又被叫作成化斗彩，是一种釉下彩与釉上彩相结合的彩瓷工艺。成化斗彩在明晚期已经值十万钱，现在更是拍出了2亿多元的天价。用来托盛成化斗彩小盖钟的，也是极精美的雕漆填金的茶盘。点犀盉（qiáo）是犀牛角做的酒器，在明清时期，犀牛角是十分贵重的材质，需依赖进口才能获得。宝玉笑说是“俗器”的绿玉斗，在清宫内也算上好的佳品，而妙玉拿出的“九曲十环一百二十节蟠虬整雕竹根的一个大盒”，想必更是让人惊艳。

明成化斗彩鸡缸杯，台北故宫博物院藏

明成化斗彩婴戏杯，台北故宫博物院藏

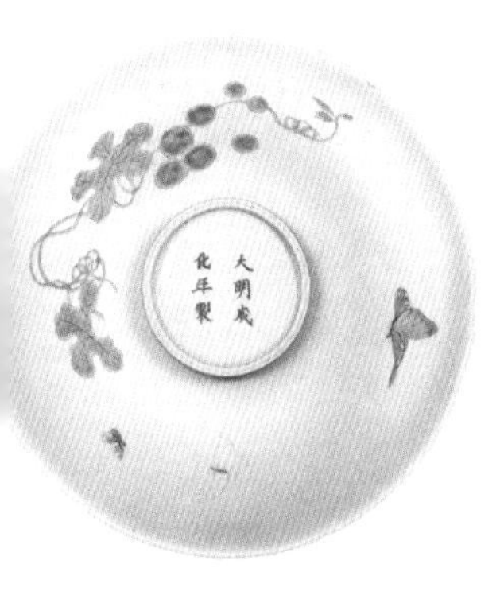

成化斗彩图赏

明中期剔黑花鸟纹漆盘

明晚期白玉螭纹方斗，台北故宫博物院藏

清代雕犀角云龙纹觥，台北故宫博物院藏

辽至宋柳斗形玉杯，台北故宫博物院藏

清代玉髓双螭耳杯，台北故宫博物院藏

这些器皿，完全可以体现出妙玉高贵的出身和离尘出世的个性。然而曹雪芹还要用夸张的文学手法重度渲染这一点，薛宝钗所持的那件“晋王恺珍玩”还被苏东坡题过字，这得是多么贵重的一件古董啊！然而事实上“瓟斝（jiǎ）”，应该是明代以后才流行的一种葫芦器，是一种用模具套着葫芦，有奇特形状或者复杂花纹的酒器。这种工艺叫作“匏制”，不会出现在宋以前，怎么会是西晋王恺的珍玩呢？曹雪芹是借当时的精美器具，冠以古人的名头，来侧面表现妙玉的与众不同，“万人不入他目”而已。

乾隆时期的匏制鼻烟壶，壶身有浅雕刻和玻璃塞，大都会艺术博物馆藏

类似于妙玉的“𤫩瓟斝”的，还有极尽夸张的秦可卿屋内的陈设。虽然那些武则天的宝镜，赵飞燕的金盘都不可能是真的，唐寅也未必画过“海棠春睡图”，但唐伯虎的画风，倒符合秦可卿温柔袅娜的个性。而说到挂画，贾母屋内挂的则是仇十洲的画，更加工整端庄，符合贾母的身份。

仇十洲《仕女图》

唐寅《嫦娥执桂图》，纸本设色，大都会艺术博物馆藏

两边大梁上，挂着一对联三聚五玻璃芙蓉彩穗灯。每一席前竖一柄漆干倒垂荷叶，叶上有烛信，插着彩烛。这荷叶乃是錾珐琅的，活信可以扭转，如今皆将荷叶扭转向外，将灯影逼住，全向外照，看戏分外真切。窗格、门户一齐摘下，全挂彩穗各种宫灯。廊檐内外及两边游廊罩棚，将各色羊角、玻璃、戳纱、料丝、或绣、或画、或堆、或抠、或绢、或纸诸灯挂满。廊上几席，便是贾珍、贾琏、贾环、贾琮、贾蓉、贾芹、贾芸、贾菱、贾菖等。（第五十三回）

屋内屋外张灯结彩，热闹非凡，室内房屋的窗户和门拆卸了下来，在大梁和门窗框上都挂着宫灯，游廊上也满是各式的彩灯，每席前有一支錾珐琅的倒垂荷叶烛座，这个烛座上的荷叶灯挡可以扭转，灯挡让光线集中往一个方向看戏时更加清

明代錾胎珐琅缠枝莲纹盒

清代掐丝珐琅胡人捧瓶座落地烛台，烛台上有灯挡

晰明亮。錾珐琅的工艺是在金属上錾刻纹样，再在凹陷的纹样处填珐琅，和掐丝珐琅有些区别，掐丝珐琅一般是在铜胎上，用扁铜丝，掐成各种花纹，然后把珐琅质的色釉填充在花纹内烧制而成的器物。

梳理了《红楼梦》中的珍器古玩，曹雪芹的才情与匠心跃然纸上。无论是珍玩的选择与陈列，还是对前人的借鉴与突破，又或是各种风格的转换，曹雪芹其实都是用“以人为本”的宗旨贯穿的。居室大小、生活习惯、年龄性别、个性爱好，这些与人息息相关的因素，才是居室陈列艺术首先要考量

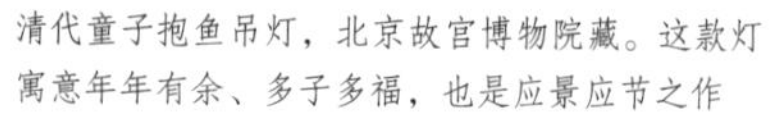

清代童子抱鱼吊灯，北京故宫博物院藏。这款灯寓意年年有余、多子多福，也是应景应节之作

粉彩开光镂空花卉纹灯罩

的。在这个基础上，用美学的原则去加以规划，室内装饰效果才可以与居室主人的生活完美融合，才是一种细水长流的渐进式的审美体验。

此外，曹雪芹还在《红楼梦》中，描写了大量的工艺制品，比如乌银洋錾自斟壶、十锦珐琅杯、小连环洋漆茶盘、捏丝戗金五彩大盒子、金西洋自行船，等等，不胜枚举。此类物件在《红楼梦》描写的环境中，算不上珍玩，但这种安排却可以提醒我们，家居用品要有统一的规划，不能贵者太贵、贱者太贱。精美的器物要相互配合才能凸显装饰效果，风格统一的家居用品在视觉上也会协调大方。

帘栊帐幔

* * *

帘栊帐幔不仅在生活中是必不可少的装饰物品，在文学作品中，也有其独特的象征意义。李白就有“呼来上云梯，含笑出帘栊”之句，李后主就更过露了，直写“莫翻红袖过帘栊，怕被杨花勾引嫁东风”。发展到后来，“帘栊”二字在文学作品中，有时竟成了闺阁内室的代名词，林黛玉以《桃花行》发春闺哀怨之情，叹青春苦短、命运无常，末尾四句正是“憔悴花遮憔悴人？花飞人倦易黄昏。一声杜宇春归尽，寂寞帘栊空月痕！”

贾宝玉的诗被贾政认为颇有温庭筠的味道，温庭筠有一首《南歌子·懒拂鸳鸯枕》：“懒拂鸳鸯枕，休缝翡翠裙。罗帐罢炉熏。近来心更切，为思君。”其中不管是枕还是帐，其实都寄托了闺中的相思之情。连辛弃疾那么豪放的人，也会有“鬓边觑，试把花卜归期，才簪又重数。罗帐灯昏，哽咽梦中语：是他春带愁来，春归何处？却不解，带将愁去”这样缠绵的句子。

其实窗纱也经常被文人写进诗句中，《红楼梦》中贾宝玉祭奠晴雯，有一句“红绡帐里，公子多情，黄土垄中，女儿薄命”，后被林黛玉提醒，改为“茜纱窗下，我本无缘，黄土垄中，卿何薄命”。可见帐幔与窗纱，都可以起到以物融情的作用。那么，为什么此类物品会被文人以多情的笔墨写进诗词之中呢？还得从它们的实际作用说起。

木框架是中国传统建筑的主要结构，由于材质和结构的限制，传统建筑室内空间的格局一般比较规范呆板。而运

《瑞应图》局部，在宋代宫廷的装饰中，帘起到了遮挡、营造私密空间以及装饰的作用

用帘栊、帐幔、窗纱、屏风等物，在满足挡风遮寒等原始功用外，同样起到分隔房间、营造审美环境、体现居室主人的个性，以及建立私密空间等作用。用柔和的布料，可以使整个陈设有一种似隔非隔的人文情趣，对居室空间起到画龙点睛的作用，更加灵活、多变，不像用门、墙壁那样生硬。封

《雍亲王题书堂深居图屏·烘炉观雪轴》中帐幔的朦胧、柔软细腻的美感

《孝贤皇后亲蚕图》祭坛局部，帐幔对于空间区隔的作用在画中表现得非常清晰。在特定的场合，帐幔装饰完全可以营造足够的气氛

建社会早在战国时期就开启了“垂帘听政”这种后宫参政的先河，到了唐代才真正开始用帘子遮隔，因此说来一面精致的垂帘，除了可以分隔室内空间外，有的还可营造出一种庄重感，以符合当时的礼法要求。

再来看看窗纱和屏风：

《十二月月令图·三月》，红窗格与绿窗纱搭配

帘栊帐幔、窗纱屏风等软装饰元素，是生活中必不可少的实用之物，可以说举手抬足皆入眼中，入诗入词乃是文学反映现实的自然结果。因其独特的装饰效果——既有朦胧淡雅之美，又可营造柔和的虚实交叠之感，还能表达主人的审美意趣，故成了描写闺阁，寄托内心情愫的重要元素。使用这样生活化的元素，诗文得到的共鸣也会更多。所以《红楼梦》中，借这些元素营造气氛，甚至表达一些“不写之写”，是一种文脉的继承。

清代孙温绘《贾府贾母八旬大庆》中的霞红窗纱与室内环境氛围相衬

《红楼梦》中帘的出现次数很多，林黛玉刚进贾府，就看到——

正面五间上房，皆雕梁画栋，两边穿山游廊厢房，挂着各色鹦鹉，画眉等鸟雀。台矶之上，坐着几个穿红着绿的丫头，一见他们来了，便忙都笑迎上来，说："刚才老太太还念呢，可巧就来了。"于是三四人争着打起帘栊，一面听得人回话："林姑娘到了。"（第三回）

这里的帘，就将贾母正房的尊贵地位凸显出来，虽然仅仅是虚虚实实的一面帘子，但此中和此外，就是两个世界，所以"争着打起帘栊"，是对林黛玉的一种欢迎。

清代孙温绘《刘姥姥初会王熙凤》中帘、帐的布置

第六回中刘姥姥一进荣国府，看见凤姐内室的门外，是“錾铜钩上悬着大红撒花软帘”，刘姥姥此时已经进了凤姐的堂屋，因此看见的帘子并不是遮风保暖的“猩红毡帘”，也不是夏季防蚊虫的竹帘，而是凤姐为区隔自己的起居之屋与堂屋而挂起的“软帘”。凤姐一向事务繁忙，人来人往不断，这幅软帘，恐怕只有晚间才能放下，但毕竟是内室陈设，需要体现主人的身份和个性，因此铜钩和大红撒花的面料，都反映出来凤姐生活的精致以及她火辣辣的个性。

古时的门帘有软硬两种。竹帘、呢帘、毡帘、棉帘都属硬帘，其中竹帘多用于夏季，其余常用于深秋和冬季。挂硬帘的时候分别在头尾和中间各上一个夹板以增加重量，避免

《雍正十二月行乐图轴·二月踏青》，宫廷用的竹帘细密且轻巧

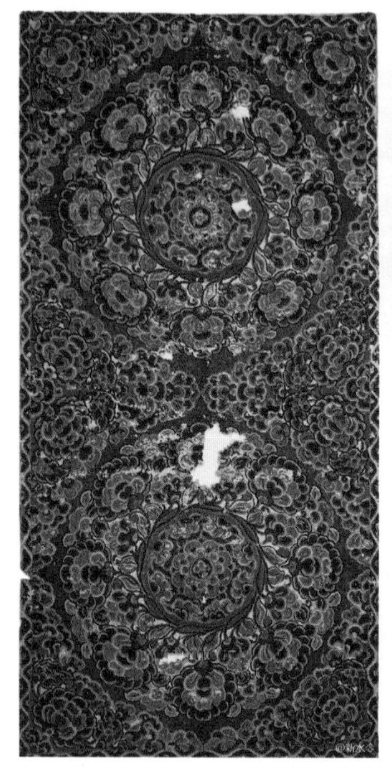

精美的花毡帘

明万历五毒纹沙罗织物

清代蕾丝面纱，台北故宫博物院藏

被风吹开，有保暖的作用；软帘是春秋两季用的绸、缎、布帘之类，软帘只用于室内，不用于房屋正门。一个房门，一般要有三个帘子，冬天的毡帘，夏天的竹帘，春秋用的软帘。《国朝宫史》规定：“春季换戴凉帽之日，各宫门俱换竹帘。秋季换戴暖帽之日，各宫门俱换毡帘。”

秋景和冬景门帘，由丝绸、金属线和羽毛制作，帘的上部和下部底色为对比色，上部图案用云和蝙蝠点缀的，下部鸟背图案用羽毛织成，随季节更替，应时应景。大都会艺术博物馆藏

为迎接元春省亲，贾政亲自查问大观园中的陈设之物，还特别关心是不是一处一处合式配就，贾琏就回答到：

妆蟒绣堆，刻丝弹墨并各色绸绫大小幔子一百二十架，昨日得了八十架，下欠四十架。帘子二百挂，昨日俱得了。外有猩猩毡帘二百挂，金丝藤红漆竹帘二百挂，黑漆竹帘二百挂，五彩线络盘花帘二百挂，每样得了一半，也不过秋天都全了。椅搭，桌围，床裙，桌套，每分一千二百件，也有了。（第十七回）

从这一问一答可以看出，贾政对帘的要求是需符合所在轩馆的风格，贾琏回答的物件里，不仅在功用上有区分，且材质、颜色上都有区分，达到了贾政的要求。这段描写也代表了当时流行的帘的款式。

诗文中的“帘栊”其实更侧重的是讲“帘”，“栊”的本意更多地指向“窗”。《红楼梦》中对窗纱的描写，有段更广为人知的故事，便是贾母带刘姥姥来到林黛玉所住的潇湘馆：

贾母因见窗上纱的颜色旧了，便和王夫人说道：“这个纱新糊上好看，过了后来就不翠了。这个院子里头又没有个桃杏树，这竹子已是绿的，再拿这绿纱糊上反不配。我记得咱们先有四五样颜色糊窗的纱呢。明儿给她把这窗上的换了。”凤姐儿忙道：“昨儿我开库房，看见大板箱里还有好些匹银红蝉翼纱，也有各样折枝花样的，也有流云卍福花样的，也有百蝶穿花花样的，颜色又鲜，纱又轻软，我竟没见过这样的。拿了两匹出来，作两床绵纱被，想来一定是好的。”……贾母笑向薛姨妈众人道：“那个纱，比你们的年纪还大呢。怪不得她认作蝉翼纱，原也有些像，不知道的都认作蝉翼纱。正经名字叫作‘软烟罗’。”凤姐儿道：“这个名儿也好听。只是我这么大了，纱罗也见过几百样，从没听见过这个名儿。”贾母笑道：“你能够活了多大，见过几样没处放的东西，就说嘴来了。那个软烟罗只有四样颜色：一样雨过天晴，一样秋香色，一样松绿的，一样就是银红的；若是做了帐子，糊了窗屉，远远的看着就似烟雾一样，所以叫作‘软烟罗’。那银红的又叫作‘霞影纱’。如今上用的府纱也没有这样软厚轻密的了。”（第四十回）

这个“软烟罗”，是专门用来做帐子和糊窗屉的，而贾母认为潇湘馆满眼绿色，应该用“银红”的窗纱才能从视觉上起到衬托和对比的作用。对于林黛玉来说，窗纱确实在她的日常生活中有着独特的审美价值。她想到自己身世可怜：

吃毕药，只见窗外竹影映入纱来，满屋内阴阴翠润，几簟生凉。黛玉无可释闷，便隔着纱窗调逗鹦哥作戏，又将素日所喜的诗词也教与他念。（第三十五回）

如果此时已经换成银红色的窗纱，生活中便能多一丝暖意吧?

还是在第四十回，帐幔的运用也体现了其他人物的审美风格。探春的房间阔朗，不曾隔断，陈设都精致大气，她又悬挂了“烟霞闲骨格，泉石野生涯”的对联，说明她是一个崇尚自然意趣的人，所以她的拔步床上，“悬着葱绿双绣花卉草虫的纱帐”。刘姥姥的外孙板儿马上就认出了蝈蝈和蚂蚱，可见图案是写实的风格。

而薛宝钗的屋子，却是另一番景象:

及进了房屋，雪洞一般，一色玩器全无，案上只有一个土定瓶中供着数枝菊花，并两部书，茶奁茶杯而已。床上只吊着青纱帐幔，衾褥也十分朴素。

这是不是和日本的“断舍离”式的家居风格有些异曲同工呢? 极简风的居室中，帐幔自然没有图案，颜色也很素净。贾母认为这不符合千金小姐的身份，就做主要给她换成“水墨字画白绫帐子”，“又大方又素净”。

床帐上或织、或绣、或画的纹饰，增加了居室内的装饰和元素。特别是床帐上端的“帐额”，即床帐上端所悬的横幅挂布，其上有绘画或刺绣的纹饰，是床帐上的精美饰物。因此，明清的床帐不仅具有冬可驱寒、夏蔽蚊蝇的实用功能，更以其纺织品特有的装饰形式，成为传统居室生活中一道亮丽的风景线。

关于床帐，李渔在《闲情偶寄》中有一段精彩的点评，突出了它的重要性：“人生百年，所历之时，日居其半，夜居其半。日间所处之地，或堂或庑，或舟或车，总无一定之地，而夜间所处，则止有一床。是床也者，乃我半生相共之物，较之结发糟糠，犹分先后者也。人之待物，其最厚者，当莫过此。然怪当世之人，其于求田问舍，则性命以之，而寝处晏息之地，莫不务从苟简，以其只有己见，而无人见故也。若是，则妻妾婢媵是人中之榻也，亦因己见而人不见，悉听其为无盐嫫姆，蓬头垢面而莫之讯乎？予则不然。每迁一地，必先营卧榻而后及其他，以妻妾为人中之榻，而床第乃榻中之人也。”从中不难看出良好的居室环境，尤其是陪伴人们半生的有着良好质感的床榻床帐，才是提升生活质量的关键。

帐幔除了体现个性以外，也要考虑到实用性和使用环境。林黛玉初入贾府时跟着贾母住下，虽然在碧纱橱内，已经和外面的宝玉的睡床隔断，但依旧需要王熙凤送来“一顶藕合色花帐，并几件锦被缎褥之类”做遮隔。薛蟠外出学做生意，薛家暂无男丁，于是薛姨妈让家人将薛蟠书房中的帐幔收起来，以用作女眷的住所。前文所引贾琏为省亲准备的帐幔，就是极富丽的“妆蟒绣堆、刻丝弹墨并各色绸绫大小幔子”；而贾敬去世，家里则是匆匆忙忙地换上孝幔。

第五十九回中贾母等因太妃葬礼需要离家外宿，帐幔更是必不可少的。外出前，“先几日预发帐幔铺陈之物，先有四五个媳妇并几个男人领了出来，坐了几辆车绕道先至下处，铺陈安插等候。”可见，在起居方面，帐幔发挥着重要的作用。

帐幔其实就是“帷幕”，用来分隔空间时，可以依需求铺设，也易于悬挂、收折、拉取。帐幔质地或轻软通透或厚重绵密，可以根据不同的空间功用来进行选择，有的能营造出朦胧、淡雅、隽永的美感，有的则可以达到遮挡光线、保护隐私等效果。《红楼梦》中的女性需要大夫诊脉时，就放下帐幔或走进帐幔，只伸出手即可，既符合当时的礼法，又不需要挪动陈设或另去一处，十分方便。

书中还常常提到“暖阁”，其实就是用帐幔在室内围合出一片区域，使区域内保暖效果更佳。如第五十一回里就写

清代孙温绘《宴宁荣宝玉会秦钟》，帐幔与炕的结合既不昂贵又大方美观

道："有三四个老嬷嬷放下暖阁中的大红绣幔，晴雯从幔中单伸出手来。"

帐幔也并非只用丝绸等面料，由于其独特的装饰效果，多会坠上宝石、线结以求更加美观的，而秦可卿的卧室，更是用了"同昌公主制的联珠帐"，当然，这里的"联珠帐"

自然并非唐朝公主之物，而是用夸张的文学手法，突出她所用帐幔的奢华。

明清之际，帐幔材质该如何选择，在文震亨的《长物志》中也有论及："帐，冬月以茧绸或紫花厚布为之，纸帐与绸绢等帐俱俗。锦帐、帛帐俱闺阁中物，夏月以蕉布为之，然不易得。"茧绸是由柞蚕丝织成的绸，明清时期随着柞蚕养殖技术的进步，茧绸渐渐普及开来，茧绸从收蚕茧到制作为成品要经过缫丝、络丝、摇纬、整经、染色、织绸等几十道工序，繁复的手工制作打造出其特有的精美和舒适，广泛用于服饰、家居装饰等领域。清人笔记《阅世编》所记前朝衣冠："其便服自职官大僚而下至于生员，俱戴四角方巾，服各色花素、绸、纱、绫、缎道袍。其华而雅重者，冬用大绒茧绸，夏用细葛，庶民莫敢效也；其朴素者，冬用紫花细布或白布为袍，隶人不敢拟也。"可见茧绸多出现在大户人家。

而蕉布，是指用芭蕉的纤维织成的布，早在汉代就已有，清代李调元《南越笔记》中提到："蕉类不一，其可为布者曰蕉麻，山生或田种，以蕉身熟踏之，煮以纯灰水，漂澼令干，乃绩为布。本蕉也，而曰蕉麻，以其为用如麻故……广人颇重蕉布，出高要、宝查、广利等村者尤美。"在古代，蕉布较为名贵，也较难得，在唐朝曾被用作献给朝廷的贡品。

与帘、帐幔的作用类似的，还有屏风。《红楼梦》中的屏风，也是琳琅满目、种类繁多，除普通的大屏风外，起装饰作用的小“炕屏”或“桌屏”也不少。贾蓉向王熙凤借“玻璃炕屏”摆放，是因为贾珍要请一个要紧的客人。王熙凤何等痛快的人，为了这一架炕屏，还得为难贾蓉一番：

凤姐道：“若碰一点儿，你可仔细你的皮！”因命平儿拿了楼房的钥匙，传几个妥当人抬去。贾蓉喜的眉开眼笑，说：“我亲自带了人拿去，别由他们乱碰。”（第六回）

一架精致的炕屏对于居室装饰所起到的重要作用，是被广泛认可的，连贾母收了贺寿礼，也单单只问围屏：

贾母因问道：“前儿这些人家送礼来的共有几家有围屏？”凤姐儿道：“共有十六家有围屏，十二架大的，四架小的炕屏。内中只有江南甄家一架大屏十二扇，大红缎子缂丝‘满床笏’，一面是泥金‘百寿图’的，是头等的。还有粤海将军邬家一架玻璃的还罢了。”（第七十一回）

贾母珍藏的屏风，更是稀世珍品。贾母于正月十五在花厅上摆宴，与儿孙、亲戚等共庆元宵佳节，拿出了心爱之物来陈设装饰，以烘托节日气氛，其中就有价值连城的桌屏。

清晚期布面屏风

这边贾母花厅之上，共摆了十来席。每一席旁边设一几，几上设炉瓶三事，焚着御赐百合宫香。又有八寸来长、四五寸宽、二三寸高的点着山石、布满青苔的小盆景，俱是新鲜花卉。又有小洋漆茶盘，内放着旧窑茶杯并十锦小茶吊，里面泡着上等名茶。一色皆是紫檀透雕，嵌着大红纱透绣花卉并草字诗词的璎珞。

原来绣这璎珞的也是个姑苏女子，名唤慧娘。因她亦是书香宦门之家，他原精于书画，不过偶然绣一两件针线作耍，并非市卖之物。凡这屏上所绣之花卉，皆仿的是唐、宋、元、明各名家的折枝花卉，故其格式配色皆从雅，本来非一味浓艳匠工可比。每一枝花侧，皆用古人题此花之旧句，或诗或歌不一，皆用黑绒绣出草字来，且字迹勾踢、转折、轻重、连断，皆与笔草无异，亦不比市绣字迹板强可恨。她不仗此技获利，所以天下虽知，得者甚少，凡世宦富贵之家，无此物者甚多，当今便称为“慧绣”。竟有世俗射利者，近日仿其针迹，愚人获利。偏这慧娘命夭，十八岁便死了，如今竟不能再得一件的了。凡所有之家，纵有一两件，皆珍藏不用。有那一干翰林文魔先生们，因深惜“慧绣”之佳，便说这“绣”字不能尽其妙，这样笔迹说一“绣”字，反似乎唐突了，便大家商议了，将“绣”字便隐去，换了一个“纹”字，所以如今都称为“慧纹”。若有一件真“慧纹”之物，价则无限。贾府之荣，也只有两三件，上年将那两件已进了上，目下只剩这一副璎珞，一共十六扇，贾母爱如珍宝，不入在请客各色陈设之内，只留在自己这边，高兴摆酒时赏玩。（第五十三回）

从这段描写也可以看出，《红楼梦》中的装饰陈设，并不是一成不变的，而是根据场合、时节以及主人的心情而变化组合。除了屏风之外，明清时期，由于工艺的进步，可以制作更加精巧的木制装置物，一些“小木作”也流行起来，如碧纱橱、落地罩、飞罩等。这类物品与纱、幔相结合，也可以起到隔断的作用。尤其是在贾宝玉所居住的怡红院中，这类的木制品就运用得更加精妙。

只见这几间房内收拾的与别处不同，竟分不出间隔来的。原来四面皆是雕空玲珑木板，或“流云百蝠”，或“岁寒三友”，或山水人物，或翎毛花卉，或集锦，或博古，或万福万寿各种花样，皆是名手雕镂，五彩销金嵌宝的。一槅一槅，或有贮书处，或有设鼎处，或安置笔砚处，或供花设瓶，安放盆景处。其槅各式各样，或天圆地方，或葵花蕉叶，或连环半壁。真是花团锦簇，剔透玲珑。倏尔五色纱糊就，竟系小窗；倏尔彩绫轻覆，竟系幽户。（第十七回）

一转身方得了一个小门，门上挂着葱绿撒花软帘。刘姥姥掀帘进去，抬头一看，只见四面墙壁玲珑剔透，琴剑瓶炉皆贴在墙上，锦笼纱罩，金彩珠光，连地下踩的砖，皆是碧绿凿花，竟越发把眼花了，找门出去，那里有门？左一架书，右一架屏。刚从屏后得了一门转去，只见他亲家母也从外面迎了进来。刘姥姥诧异，忙问道："你想是见我这几日没家去，亏你找我来。那一位姑娘带你进来的？"他亲家只是笑，不还言。刘姥姥笑道："你好没见世面，见这园里的花好，你就没死活戴了一头。"他亲家也不答。便心下忽然想起："常听大富贵人家有一种穿衣镜，这别是我在镜子里头呢罢。"说毕伸手一摸，再细一看，可不是，四面雕空紫

落地花罩

檀板壁将镜子嵌在中间。因说："这已经拦住，如何走出去呢？"一面说，一面只管用手摸。这镜子原是西洋机括，可以开合。不意刘姥姥乱摸之间，其力巧合，便撞开消息，掩过镜子，露出门来。刘姥姥又惊又喜，迈步出来，忽见有一副最精致的床帐。（第四十一回）

《红楼梦》中虽然尽是富贵气象，但作者笔下的贾府并非"新荣暴发"之家，从帘栊帐幔以及其他隔断装饰物的铺设上看，贾府的确是在实用性的基础上，追求人文情趣，

碧纱橱

追求个性体现，作者一向在描写陈设装饰处点到为止，如果肯花大量笔墨去展开描述这些稀世之宝，一定是非同凡响的。我们现代家居的装饰，虽然不会像《红楼梦》中那样繁复，但在布艺、帘帐的运用上，同样可以借鉴“以人为本，制器尚用，巧法造化，虚实相生，雅俗互补，趣味多元”的原则。比如客厅与餐厅之间，就可以用屏风分隔空间，

屋内的屏门隔断

沙发墙或是电视墙，也可以用屏风来装饰，既美观又可随时更替。一些小户型的卧室常常兼具书房的某些功能，一面纱帘或线帘，也可以开辟出一方阅读的天地。如果是大户型或者别墅的室内装饰，更要讲究布艺与环境的对比或衬托，以及在风格上与其他装置的恰当搭配。

刘松年绘罗汉

明世宗坐像，座椅后的屏风兼具装饰与实用

纹饰配色

* * *

清代家居装饰流行辅以寓意纹样，所谓“图必有意，意必吉祥”。这就对居住者的审美提出了更高的要求，要以特定的具有人文内涵的图案，如龙、花、云等等，组合构成精美的纹样用以装饰家居，此外还要恰当地运用在不同的场合，以达到装饰效果、装饰寓意和审美风格的完美结合。

颜色的运用也有类似的原则。颜色在古代是具有一定的阶级属性的，某些颜色寓意高贵，如清代就以大红、石青、银红、秋香为尊贵吉祥的色彩，而明黄色更是皇家的专属颜色。因此在家居装饰时，首先就是要把握颜色所代表的人文含义，使其运用在合适的地方，同时在色彩搭配上，又要有自己的审美取舍。

《红楼梦》是一本包罗万象的巨著，仔细品读其中关于纹饰配色的描写，我们既可以从中看到鲜明的时代印记，又可以窥见曹雪芹独有的人文情趣。第三回中，出现了“赤金九龙青地大匾”，又出现了“大紫檀雕螭案”。前者因为要呈现御笔所书的“荣禧堂”，所以一定要凸显出皇家的高贵尊严，赤金九龙纹的繁复精巧，才能呈现出这样的大气派。金与青这两种极具对比性的颜色，会让御笔文字更加引人注目。这种纹饰与颜色的搭配，是符合规制和时代的要求，甚至在《红楼梦》成书以后的很长一段时间内，仍被沿用。

而“大紫檀雕螭案”则体现了贾府自己的风格。“螭”是传说中无角的小龙，《说文 · 虫部》曰：“螭，若龙而黄，北方谓之地蝼，或云无角曰螭”。螭纹通常是由缠绕盘曲的小龙反复循环而形成的装饰效果，也称“蟠螭纹”。螭纹相比龙纹，就简洁内敛了许多，而紫檀颜色典雅稳重，不会抢了大匾的风头。清代家具以雕饰繁复精巧为特色，而贾府的选择是既顺应这样的潮流，又在细节上尽可能简约明快，作者的艺术眼光之精准，可见一斑。

九龙纹和螭纹都属于龙纹样的范畴，龙纹在中国蕴含着尊贵、丰饶、有力、绵长等意义，《红楼梦》中除了上述两处外，还有夔龙纹、蟒纹、蟠龙纹等多种纹样形式。在清代的贵族服饰上还绣有日、月、星辰、山、龙、华虫、黼、黻、藻、粉米、火、宗彝这十二章纹，唯有皇帝龙袍方能使用完整的十二章纹。细究起来，龙纹出现的场合与所用配色，绝不是随意堆砌，而是有其规律的。

龙生九子

螭吻

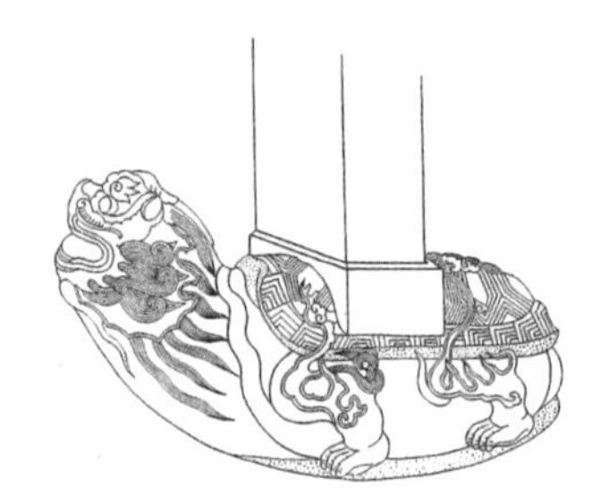

霸下，又名赑屃（bì，xì）

狴犴(bì，àn)，又名宪章

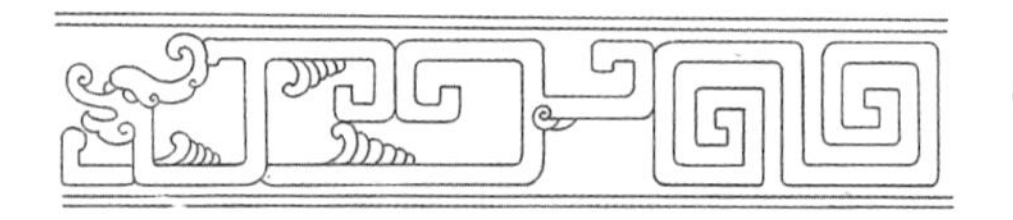

夔龙纹

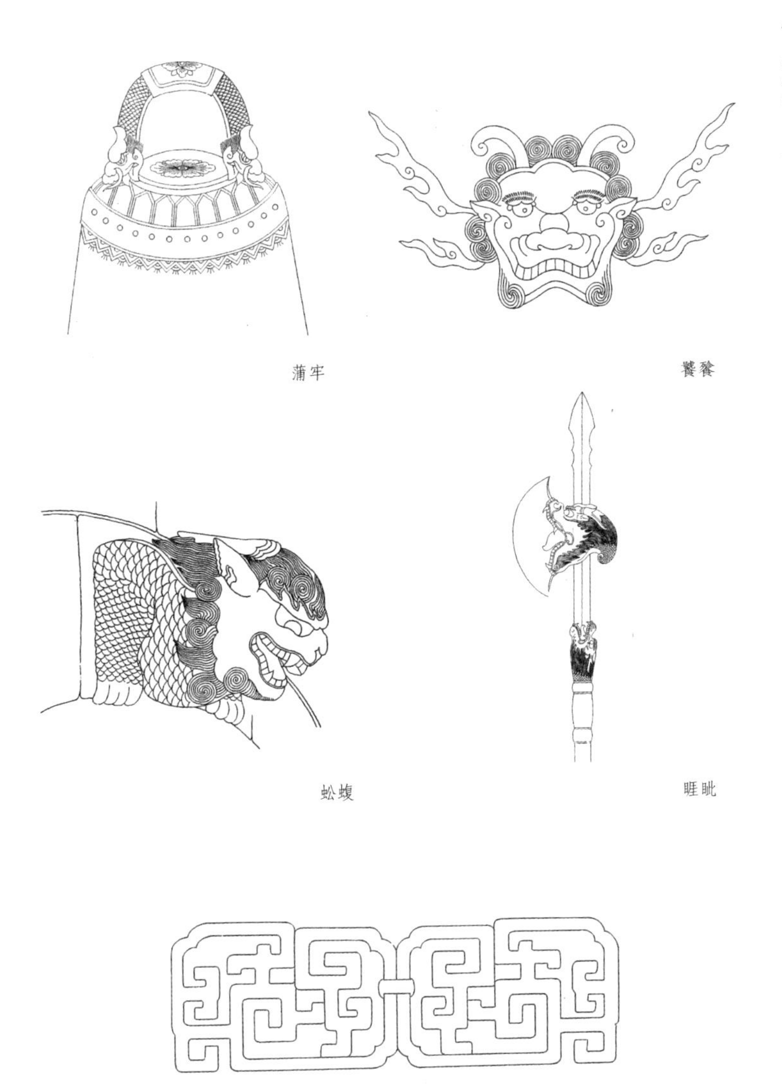

蒲牢

饕餮

蚣蝮

睚眦

拐子龙纹

狻猊（suān ní）

椒图

拐子龙纹

圆龙纹

拐子龙纹

明万历掐丝珐琅双龙盘，
台北故宫博物院藏

原来王夫人时常居坐宴息，亦不在这正室，只在这正室东边的三间耳房内。于是老嬷嬷引黛玉进东房门来。临窗大炕上铺着猩红洋罽，正面设着大红金钱蟒靠背，石青金钱蟒引枕，秋香色金钱蟒大条褥……地下面西一溜四张椅上，都搭着银红撒花椅搭，底下四副脚踏。（第三回）

王夫人歇息的这三间耳房同时也是贾政起居之处，因此要延续正堂的贵重端庄的风格，蟒纹就符合这样的定位。而大红、石青、秋香、银红四色，也是前文介绍过代表着尊贵吉祥的颜色。石青是一种接近黑色的深蓝色，秋香则是黄中带绿。清代皇帝后妃的服饰，亦多用这几种颜色。尤其秋香

清代秋香色绸绣花手帕，北京故宫博物院藏

清中期三品文官孔雀补，
大都会艺术博物馆藏

清晚期一品武官麒麟补，
大都会艺术博物馆藏

色还在清朝《钦定服色肩舆永例》中有记载："黄色、秋香色、玄狐……如御赐许穿用；若非御赐，听其从容变卖，不许穿用。"

蟒纹有多种变形，贾府所用的"金钱蟒"，是用金线和彩绒织出的，花纹图案为"小团龙"和"骨朵云"相间排列，因为团龙花纹直径很小，故被命名为"寸蟒"缎或"金钱蟒"

《孝惠章皇后朝服像》

《清宣宗道光皇帝朝服像》

缎。在用寸蟒纹样的装饰物中，选用黄色大面积铺陈，用红、深蓝这类对比明显的颜色做点缀，这样的设计，可以说是富贵中见典雅，流畅中见大气，和贾府正堂的风格一脉相承。而王夫人的“小正房”内，就是更加日常的半旧青缎装饰。

红、黑、黄、白、青，这五种颜色是中国古代传统的“正色”，节庆之日会大面积运用喜庆的红色，另外黑、金、白色也适宜与红色搭配，延续了对比强烈的配色方案，透雕夔龙纹也可以有繁复中取简洁的设计感。而这些设计既符合贾母在家族中至尊的身份和诰命夫人的官方地位，也符合贾母爱明艳亮丽又不流俗的审美追求。

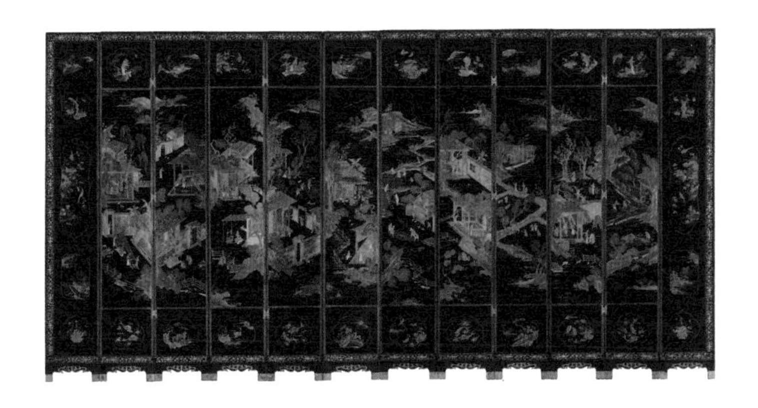

清代屏风的黑金二色

其实红、黑、金色的搭配还出现在一处非常重要的地方：

宝钗笑道："这有什么趣儿，倒不如打个络子把玉络上呢。"一句话提醒了宝玉，便拍手笑道："倒是姐姐说得是，我就忘了。只是配个什么颜色才好？"宝钗道："若用杂色断然使不得，大红又犯了色，黄的又不起眼，黑的又过暗。等我想个法儿，把那金线拿来，配着黑珠儿线，一根一根的拈上，打成络子，这才好看。"（第三十五回）

大红与"通灵宝玉"犯色，可见这块玉多半是绛红色的，而薛宝钗用黑、金二色与红色搭配，也是间接传达了作者的审美观念。

无独有偶，大观园用的帘子是"猩猩毡帘二百挂，金丝藤红漆竹帘二百挂，黑漆竹帘二百挂，五彩线络盘花帘二百挂"——红、黑、金还是主色。而大观园不用说更是蟒纹、螭纹运用得比较多的地方，"玉栏绕砌，金辉兽面，彩焕螭头"，而且此处是皇家妃子省亲之地，凤纹也运用得很多。

龙凤纹普遍运用在庄严、吉庆、尊贵的场合，这符合明清时期以动物纹样表达身份地位以及营造气氛的传统。动物纹样还包括仙鹤、大象、蝙蝠、蝴蝶等，利用纹饰的谐音和寓意来象征祥瑞。《红楼梦》中元妃省亲赐予贾母的物品中有"富贵长春"和"福寿绵长"宫绸，"吉庆有鱼"银锞等。

双福

五福捧寿，含有蝙蝠的福寿纹样

“富贵长春”、“福寿绵长”和“吉庆有鱼”都是清代流行的吉祥纹样，其中所包含的纹样素材与其含义一一对应为：牡丹因其花大、形美、色艳、香浓的特点常代表富贵；蝙蝠谐音“福”，代表福寿；戟谐音“吉”、磬谐音“庆”和鱼谐音“余”，合称为“吉庆有鱼”。单从赐品的纹样上我们不

清代黄地绿彩云蝠纹碗，
北京故宫博物院藏

难体会到元妃的良苦用心，饱含着她对祖母富贵长寿的美好祝愿，对家族兴盛旺达、荣华永继的祈祷。这些纹样运用到软装饰中，呈现出精美、稳重、端庄的视觉效果。怡红院中的家具上也出现了“流云百蝠”纹样。

此外还有“百蝶穿花”纹样，也在文中多次提到。虽然书中描写“百蝶穿花”纹样时多以服装为例，但百蝶纹样作为装饰性纹样，同样能运用到营造室内效果方面。前文在潇湘馆使用的窗纱“软烟罗”中就含有此纹样。

在探春的拔步床上，“悬着葱绿双绣花卉草虫的纱帐”，板儿认出了蝈蝈、蚂蚱等昆虫。蚂蚱、蝗虫类的昆虫产卵丰富，繁衍迅速，历来也被寄予多子多孙的含义。《诗经·周南·螽斯》有诗云：“螽斯羽诜诜兮，宜尔子孙振振兮；螽斯羽薨薨兮，宜尔子孙绳绳兮；螽斯羽揖揖兮，宜尔子孙蛰蛩兮。”“振振”“绳绳”“蛩蛩”都是众多的样子，藉以表达家族繁盛的祝福。自宋代以来，蚂蚱等昆虫形象频频介入书画、玉雕和刺绣等工艺装饰中。

除了动物纹样之外，相应的还有植物纹样，植物纹样也是借谐音和寓意来表达对美好生活的向往。除了“富贵长春”中的牡丹外，还有“岁寒三友”中的松、竹、梅，寓意君子品格的苍劲、正直、高洁、典雅，“芙蓉簟”中的芙蓉花，寓意“富荣”，以及各式器物上的海棠、蕉叶、荷叶、葵花、梅花等。前面章节中曾多次介绍到的“慧纹”，也有各色折枝花卉的图案。大观园的外墙装饰也用了“西番莲花”纹样。

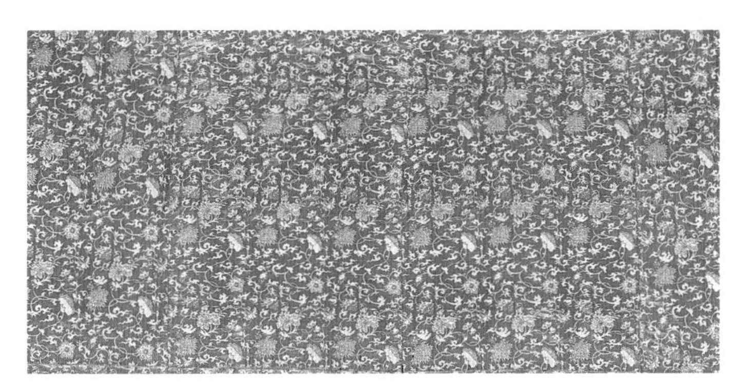

月蓝地牡丹缎，大都会艺术博物馆藏

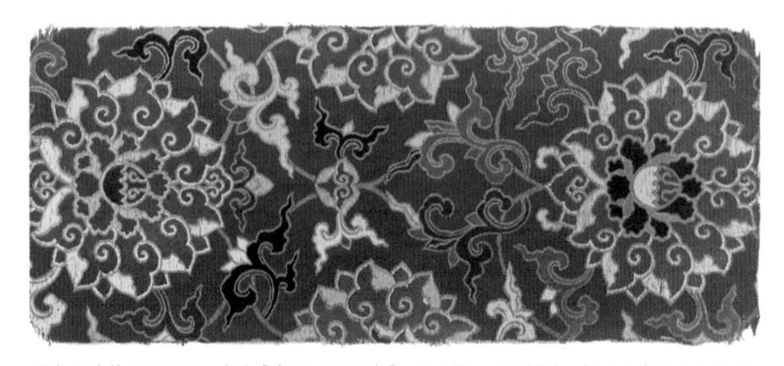

明代红地牡丹织银缎，出自《中国丝绸图案》，沈从文、王家树编，中国古典艺术出版社，1957 年

百蝶纹样缎，出自《中国丝绸图案》，沈从文、王家树编，中国古典艺术出版社，1957 年

动植物纹样有各自单独运用，也有结合运用，除了取其寓意外，动植物纹饰本身所带来的盎然生趣，也在一定程度上中和了明清时期室内四方格局的单调感，给室内空间氛围增添更多生机活力。

明清时期还流行以自然纹样和文字纹样结合做装饰，怡红院中有山水和“万福万寿”，贾母给薛宝钗替换了水墨字画的床帐，送贾母的礼物中有泥金“百寿图”的围屏等。文字纹样中，卍福卍寿纹里的“卍”是梵文，印度人把它看成吉祥的标志。随着佛教传入中国后，这种图案花纹被广泛应用于服饰、建筑、陶瓷、雕刻等艺术中。唐朝武则天时期，“卍”字的读音被定为“万”，象征吉祥如意、福寿延绵。

不同的纹样，当然要配以适宜的颜色，比如花卉草虫，就是多以葱绿为底色。葱绿这种饱和度和明度都适中的颜色，恰好可以衬托出花卉草虫的天然意趣；而黑色的寿字以金色为底，符合前文分析过的贾府以黑金二色彰显贵重感的原则；

清代黄地红蝠金彩团寿字纹盘，北京故宫博物院藏

杏红地、宝蓝“万寿”加金缎，文字和吉祥图案的组合，出自《中国丝绸图案》，沈从文、王家树编，中国古典艺术出版社，1957年

凤姐处的“撒花”帘是红色的，宝玉的“撒花”帘更是大红销金，和前文寸蟒纹样用大红色，有异曲同工之妙。

然而《红楼梦》中的色彩之丰富，远远不止于此。“红楼”二字就点出了整个贾府中的红色基调，除前文所述各种红色装饰外，明清贵族官宦大家的门、柱等物，也大多用红色装饰。

现代人常常认为红绿搭配是俗气的，然而如果是取自植物形成的天然的绿色，与红色搭配，恰恰是艳丽中而不失自然感的。《红楼梦》中贾赦的东小院、宁国府的会芳园、大

牌坊彩绘，蓝、绿、红色搭配，点缀金色

故宫建筑外檐彩绘，蓝、绿、红色搭配，点缀金色

观园内，都有绿色植物掩映；怡红院中更是红、绿二色做主色调，不仅室外植物是“怡红快绿”，室内的帐幔用红色而地板是“碧绿凿花”，也同样是“红香绿玉”；幽静的潇湘馆以绿色为主色调，窗外的竹子、地上的青苔、窗户都是绿色。贾母用银红窗纱来点缀绿色的潇湘馆，银红色不似大红色明艳，恰好在衬托出潇湘馆的翠的同时，也不会抢走人们的视线。

在红绿二色之外，曹雪芹还非常善于用其他颜色来改变视觉风格。

贾政先秉正看门。只见正门五间，上面桶瓦泥鳅脊，那门栏窗槅，皆是细雕新鲜花样，并无朱粉涂饰，一色水磨群墙，下面白石台矶，凿成西番草花样。左右一望，皆雪白粉墙，下面虎皮石，随势砌去，果然不落富丽俗套，自是欢喜。（第十七回）

古代富贵人家的大门多是红色，大观园的正门这里便出现了红色、白色的大面积对比。由于红白二色的对比感较强，所以又用了类似黄色的虎皮石，色彩的层次更加丰富。千万别小看了这虎皮石的作用，在圆明园的装饰中，虎皮石

颐和园内的虎皮石墙裙

的装饰效果就非常突出。而圆明园一开始是雍正作为亲王时的私人园林，也是体现了康雍时期的一种风尚。

《雍正圆明园行乐图》中大面积使用虎皮石装饰

转过山怀中，隐隐露出一带黄泥筑就矮墙，墙头皆用稻茎掩护。有几百株杏花，如喷火蒸霞一般。里面数楹茅屋，外面却是桑，榆，槿，柘，各色树稚新条，随其曲折，编就两溜青篱。篱外山坡之下，有一土井，旁有桔槔辘轳之属。下面分畦列亩，佳蔬菜花，漫然无际。（第十七回）

宝玉曾批评这里的穿凿没有天然情趣，但元妃和贾政等人都非常喜欢，为什么呢？就是因为稻香村的装饰效果与众不同：黄、红、绿以及茅草、稻茎、土井等的自然物杂色，在植物、建筑、器物等的巧妙安排中融合在一起，形成了一幅极为具有活力的图画。这样的视觉冲击才能感染得贾政有了“归农之意”。

在室外，有红、白、绿、黄等大面积配色方案组合，以及带有明显的层次变化；而在室内，除了前文已经总结的有红、黑、金的配色组合，还有没有其他配色方案呢？曹雪芹虽然并没有事无巨细地描写其他室内装饰的配色原则，但是却借一个小小的机会，把他的色彩美学原则带出了一二。

莺儿道：“汗巾子是什么颜色的？”宝玉道：“大红的。”莺儿道：“大红的须是黑络子才好看的，或是石青的才压的住颜色。”宝玉道：“松花色配什么？”莺儿道：“松花配桃红。”宝玉笑道：“这才娇艳，再要雅淡之中带些娇艳。”莺儿道：“葱绿柳黄是我最爱的。”宝玉道：“也罢了，也打一条桃红，再打一条葱绿。”莺儿道：“什么花样呢？”宝玉道：“共有几样花样？”莺儿道：“一炷香，朝天凳，象眼块，方胜，连环，梅花，柳叶。”宝玉道：“前儿你替三姑娘打的那花样是什么？”莺儿道：“那是攒心梅花。”宝玉道：“就是那样好。”（第三十五回）

除了黑红这样对比强烈的组合外，曹雪芹还提供了松花与桃红、葱绿与柳黄的配色方案。松花色是一种介于绿、黄之间的颜色，和桃红、葱绿、柳黄一样，都是饱和度和明度适中的颜色。这种柔和色彩的组合，适用于小巧精致的物件，有所谓的“娇艳”感。而这种娇艳感，正适宜用来中和点缀贾府饱和度极高的红、绿、黑、金的整体配色方案，使得室内的视觉效果更加富有生活气息，也更符合红楼女儿们的闺阁身份。此处的配色原则，不仅可以运用在汗巾子等物件上，还可以在室内装饰的其他元素中得到体现。例如林黛玉初进贾府，王熙凤送来的床帐就是“一顶藕合色花帐”，后来在宝玉眼中，又看见林黛玉盖的是“杏子红绫被”。杏子红大概就是杏的红黄色，也算是一种“间色”，与淡雅的藕合色搭配既有映衬，又不会对比过于强烈，正适合做闺中的床品之用。

现代人的家居，与贾府的规模、风格相去甚远，但是曹雪芹选择纹样时“繁复中见简洁”的原则，未尝不可以在选择墙纸、布艺、配饰时作为一种参考。曹雪芹用色大胆，对比强烈，以多数人的眼光看，或许会担心驾驭不住，实际上这种色彩审美已经在现代家居设计中屡见不鲜了，并且在具体用色上有了更新、更具创意的选择。

参考文献

[1] 陈百超 . 中国传统居室空间中的软饰织物研究 [D]. 浙江 : 浙江工业大学，2012.

[2] 傅憎享 .《红楼梦》色彩初论 [J]. 红楼梦学刊，1982(1): 23-43.

[3] 解晓红 . 纹饰之美，意蕴之深——试析《红楼梦》中装饰纹样的人文内涵 [J]. 红楼梦学刊，2007(4): 100-113.

[4] 于波 .《红楼梦》中织物考辩 [J]. 红楼梦学刊，2005(2): 325-333.

[5] 陈运能,钟铉.《红楼梦》家纺研究[N]. 浙江纺织服装职业技术学院学报，2007 年第 03 期 .

[6] 王毅 . 中国古典居室的陈设艺术及其人文精神——从“大观园”中的居室陈设谈起 [J]. 红楼梦学刊，1996 (1): 273-296.

[7] (清)李渔 . 闲情偶寄[M]. 江巨荣、卢寿荣校注 . 上海: 上海古籍出版社，2000.

[8] (明) 文震亨 . 长物志 [M]. 北京 : 金城出版社，2010.

[9] 邓云乡 . 红楼风俗谭 [M]. 北京 : 中华书局股份有限公司，2015.

[10] 黄云皓 . 图解红楼梦建筑意象 [M]. 北京 : 中国建筑工业出版社，2006.

[11] 沈从文 . 花花朵朵 坛坛罐罐——沈从文谈艺术与文物 [M]. 北京 : 中信出版集团 / 楚尘文化，2016.

图书在版编目（CIP）数据

跟曹雪芹学软装 / 杨雪，张菡子编著. -- 南京 ：
江苏凤凰科学技术出版社，2018.6
ISBN 978-7-5537-9365-8

Ⅰ. ①跟… Ⅱ. ①杨… ②张… Ⅲ. ①室内装饰设计
-研究 Ⅳ. ①TU238.2

中国版本图书馆CIP数据核字(2018)第134809号

跟曹雪芹学软装

编　　著　杨　雪　张菡子
项目策划　凤凰空间／韩　璇
责任编辑　刘屹立　赵　研
特约编辑　韩　璇

出版发行　江苏凤凰科学技术出版社
出版社地址　南京市湖南路1号A楼，邮编：210009
出版社网址　http：//www.pspress.cn
总 经 销　天津凤凰空间文化传媒有限公司
总经销网址　http：//www.ifengspace.cn
印　　刷　北京博海升彩色印刷有限公司

开　　本　889 mm×1 194 mm　1／32
印　　张　6
版　　次　2018年6月第1版
印　　次　2018年6月第1次印刷

标准书号　ISBN 978-7-5537-9365-8
定　　价　59.00元